AF474474

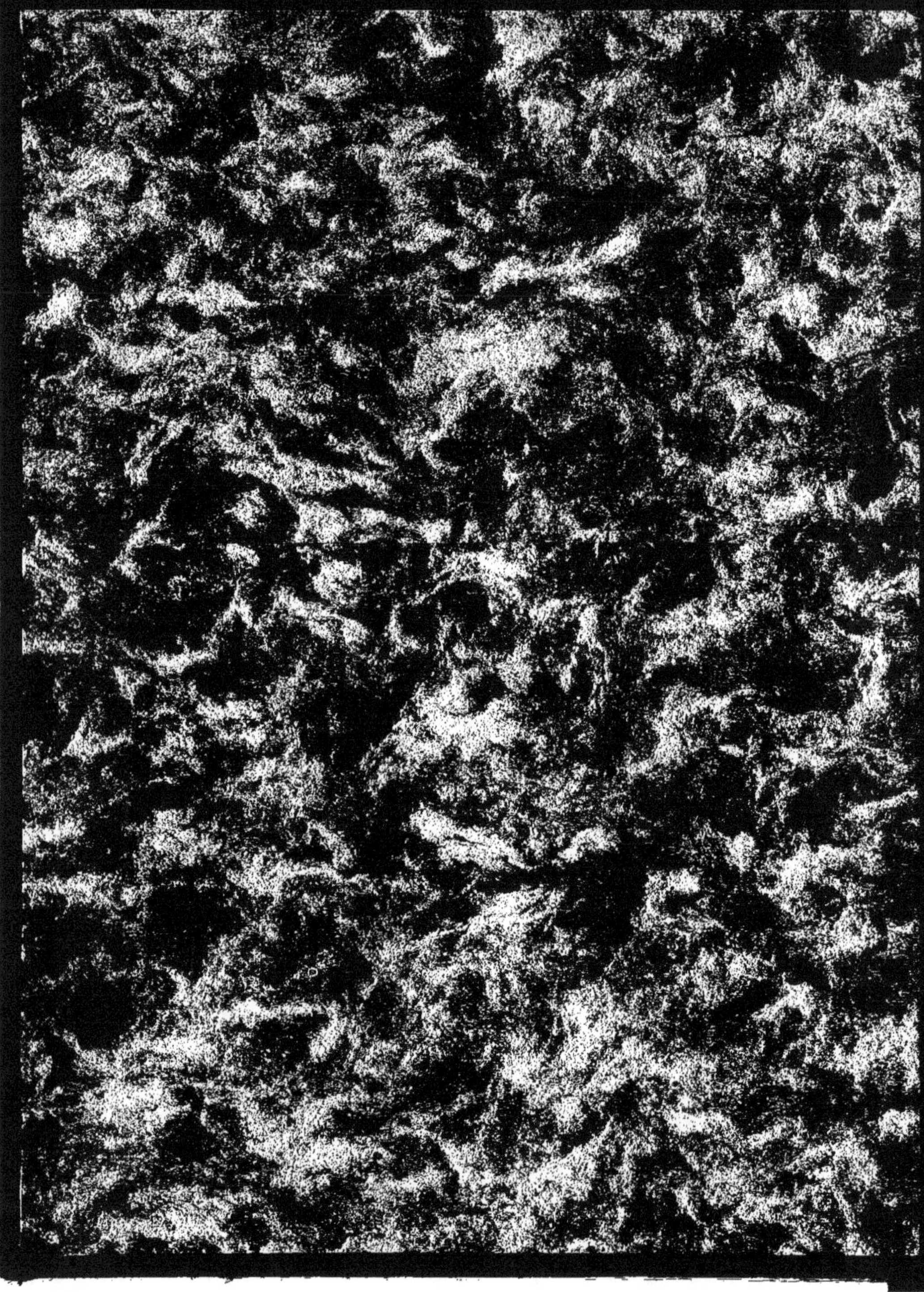

HISTOIRE

DES

PÊCHES MARITIMES ET FLUVIALES

Série petit in-4°.

HUITRIÈRES DE CANCALE

E. DE LALAING

HISTOIRE

DES

PÊCHES MARITIMES

ET FLUVIALES

ACCOMPAGNÉE DE LA DESCRIPTION

DES POISSONS ET POLYPES QUI EN FONT L'OBJET

D'APRÈS LES PLUS SAVANTS NATURALISTES

Volume orné de 80 gravures.

J. LEFORT, ÉDITEUR

LILLE
RUE CHARLES DE MUYSSART, 24

PARIS
RUE DES SAINTS-PÈRES, 30

HISTOIRE

DES

PÊCHES MARITIMES ET FLUVIALES

DE LA PÊCHE EN GÉNÉRAL

Dès que les premiers hommes s'aperçurent que la mer était peuplée comme la terre et les airs, ils songèrent aux moyens de faire de nouvelles conquêtes.

C'est donc aux époques les plus reculées qu'il faut faire remonter l'origine de la pêche.

Mais la pêche, comme la chasse, a sa théorie, et l'on ne pouvait la pratiquer utilement qu'en se livrant au préalable à l'étude de l'histoire naturelle.

On commença par constater que les poissons, comme les oiseaux, avaient leurs moments de passage; que certaines saisons étaient plus particulièrement favorables à l'une ou l'autre des espèces dont on convoitait la capture; et bientôt on connut leurs goûts, leurs habitudes et les lieux où elles se plaisaient le mieux.

De nos jours, les marins de chaque nation ne se livrent pas à la recherche des mêmes poissons; leur position géographique, comme aussi leur caractère, déterminent leurs pêches spéciales.

Les uns prennent sur les côtes les harengs et les thons, tandis que d'autres, plus ambitieux, entreprennent des expéditions lointaines.

En général, ceux qui habitent l'intérieur des terres et pour qui la pêche fluviale est un délassement et un plaisir, ne s'imaginent pas l'importance et les dangers de la pêche maritime; et ils seraient bien étonnés si on leur disait que des milliers de marins vont affronter, jusqu'au milieu des glaces du Spitzberg et du Groënland, les tempêtes du Cap nord et du détroit de Davis, pour aller y attaquer les baleines, les phoques et la morue, sources d'immenses bénéfices qui profitent à l'industrie.

La pêche est une science véritable, et demande autre chose que la peine de poser des engins et d'attendre que les poissons s'y fassent prendre.

La pêche maritime se divise en haute et petite pêche, ou pêche côtière.

NAVIRE AU MILIEU DES GLACES DU SPITZBERG

La première comprend deux catégories :

1° La pêche de la baleine;

2° La pêche de la morue.

L'une exige l'emploi de bâtiments d'un assez fort tonnage; l'autre se fait, au moyen d'embarcations plus légères, sur les côtes de la France.

On distingue, en outre, sous le nom de *pêche à pied*, celle qui se fait sans quitter le rivage, où le pêcheur place des engins destinés à prendre le poisson que le flot amène chaque jour.

Le développement de la pêche maritime est d'une grande importance pour le pays, non seulement à cause des ressources alimentaires qu'elle procure à la population, mais encore parce qu'elle concourt puissamment, par les marins qu'elle forme, au recrutement du personnel des armées navales.

C'est ce qui a encouragé le gouvernement français à accorder aux armateurs deux sortes de primes : celles au départ et celles au retour, qui sont proportionnelles au tonnage des navires, mais dont le taux varie selon que les équipages sont composés en totalité ou en partie de Français.

Malgré ces encouragements, il est triste d'avoir à constater que la pêche de la baleine est presque abandonnée par nos armateurs, qui redoutent la concurrence des Anglais et des Américains.

Il n'en est pas de même pour la pêche de la morue dont nous aurons à parler plus loin.

Notre intention étant de donner à nos lecteurs la description des différentes pêches pratiquées particulièrement par les marins français, nous commencerons par celle de la baleine, dite le géant des mers.

A tout seigneur, tout honneur!

NARVAL LICORNE

PÊCHE DE LA BALEINE

La baleine franche a la tête d'une grosseur énorme, égale à celle de son corps. Les plus grosses ne dépassent pas 23 mètres, et un animal de cette taille pèse environ 70,000 kilogrammes.

La peau de ce gigantesque cétacé est noire ou gris-foncé dans les parties supérieures du corps, et blanchâtre dans les parties inférieures; sa queue, qui affecte la forme triangulaire, n'a pas moins de 6 à 7 mètres de longueur.

L'œil de la baleine est très petit; il n'est guère plus gros que celui d'un bœuf, et l'énorme distance qui sépare ses yeux l'un de l'autre ne lui permet pas de voir le même objet en même temps; néanmoins, elle a la vue très perçante et distingue ses ennemis de fort loin.

Ses évents ou trous respiratoires sont placés au sommet de la tête et lancent un jet de vapeur, et non un jet liquide comme on l'a cru longtemps. Mais cette vapeur se condense brusquement au contact de l'air froid et retombe sous forme de pluie.

La baleine est vivipare comme tous les cétacés; elle ne produit habituellement qu'un seul petit qu'elle nourrit de son lait.

La partie inférieure de la bouche de la baleine est dépourvue de dents et contient une langue longue et épaisse; la partie supérieure est garnie de grandes lames cornées, appelées fanons. Cette disposition de la bouche ne lui permet pas d'avaler pour s'en nourrir des corps tant soit peu volumineux; mais elle absorbe, en les réduisant en bouillie, des milliers de poissons, tels que harengs, merlans et maquereaux, dont elle poursuit les bandes innombrables dans leurs migrations périodiques.

Lorsqu'elle voyage, la baleine avance par soubresauts, de l'arrière à l'avant, en s'appuyant sur sa queue, à raison de 10 kilomètres à l'heure.

Dès qu'une baleine est signalée, les marins, montés sur des chaloupes, s'efforcent de s'en approcher le plus possible, et une fois à sa portée, ils la frappent d'un harpon au manche duquel est fixée une forte ligne.

La baleine, blessée, plonge immédiatement et entraîne le lien dont elle ne peut se débarrasser.

Mais il faut que la ligne se déroule aussi facilement que possible, car si la corde venait à s'accrocher, la chaloupe d'où est parti le harpon serait à l'instant submergée avec son équipage; le frottement qu'éprouve alors ladite corde est si considérable que le bord de l'embarcation s'enflammerait si l'on n'avait soin de l'arroser sans cesse.

A mesure que la ligne se déroule, les pêcheurs en ajoutent d'autres à la suite, et quelquefois la longueur du cordage mis en dehors dépasse 3,000 mètres.

Comme il faut toujours que la baleine revienne à la surface de l'eau pour reprendre sa respiration, elle est alors entourée par les chaloupes lancées à sa poursuite et achevée à coups de lances. C'est à ce moment qu'il faut agir avec les plus grandes précautions, car l'agonie d'un animal aussi monstrueux est redoutable.

MARSOUIN

Les points où ce cétacé se trouve plus fréquemment, sont, outre le Spitzberg, le Groënland et le détroit de Davis, l'Islande, le Canada, Terre-Neuve, la Caroline, et toute la partie de l'océan Atlantique Austral située par 40° de latitude et 36° de longitude ouest du méridien de Paris. Puis encore dans le sud des côtes d'Afrique, depuis le cap de Bonne-Espérance jusqu'au 10° de latitude sud, sur les côtes du Brésil et de la Patagonie, et celles du Chili.

On rencontre aussi les baleines dans d'autres points, au Mexique, dans la zone torride, au Japon, en Corée, aux Philippines, au cap de Galles, à la pointe de l'île de Ceylan, aux environs du golfe Persique, de Madagascar, de la Guinée; puis enfin dans le golfe de Gascogne, dans la Baltique et sur les côtes de la Norvège.

Tous ces parages sont plus ou moins fréquentés.

On a remarqué que partout où l'on rencontre ce cétacé, il y a une prodigieuse quantité d'oiseaux; les principaux sont : l'albatros, la mauve et le damier. Ils savent découvrir au loin des carcasses abandonnées sur lesquelles ils se tiennent, pour en disputer les lambeaux aux requins, aux dauphins et autres poissons voraces.

En outre de la baleine franche, il y a encore la baleine *nord-caper* (*glacialis*), et la baleine du cap (*australis*).

On a prétendu que le cachalot était une espèce de baleine; c'est une erreur qu'il importe de réfuter.

Ce cétacé, qui se pêche comme la baleine, est, après cette dernière, le plus grand des mammifères et constitue une famille particulière dont les habitudes sont peu connues; il voyage ordinairement par bandes de 200 à 300 individus.

Il est recherché pour son huile; il en donne, il est vrai, une moins grande quantité que la baleine; mais en revanche, il fournit de la *cétine* et de l'*ambre gris*.

DÉPÈCEMENT DE LA BALEINE

Nous avons parlé plus haut de carcasses abandonnées par les pêcheurs de baleine; entrons maintenant dans les détails du dépècement de ce gigantesque poisson.

Dès qu'il est amarré contre les flancs du navire, l'opération commence. Elle consiste à détacher, à l'aide d'instruments tranchants, la couche de graisse qui enveloppe le cétacé; de la monter à bord, où elle est coupée par morceaux et jetée dans des chaudières qui la réduisent en huile. Ensuite, on lui enlève ses ailerons et on lui coupe la tête à coups de hache; l'os fort épais qu'il s'agit de rompre pour la disjoindre du corps, est l'obstacle qui complique cette dernière opération, surtout lorsque la mer est grosse et que les lames viennent se briser contre ce corps décharné dont on va bientôt se débarrasser. La carcasse du cétacé, dépouillée de tout son lard, n'a plus aucune valeur commerciale.

BALEINE

PÊCHE DE L'ESPADON

La baleine, qui semble de force à braver tous les dangers, a pourtant parmi les habitants des mers un ennemi redoutable; nous voulons parler de l'espadon, qui parfois s'attaque aux gros navires dont il cherche à percer le solide bordage.

Son museau, armé d'une espèce de lame plate et tranchante des deux côtés, et terminé par une pointe aiguë semblable à une longue scie, fait de ce poisson, surnommé l'*épée de mer*, un dangereux voisin pour ses semblables quand il leur cherche querelle.

L'espadon atteint jusqu'à 7 mètres de longueur, et la vitesse de sa course est des plus grandes.

C'est principalement autour de la Sicile qu'on en fait les pêches les plus abondantes.

Sa chair blanche, fine, d'un goût délicieux et très nourrissante, est recherchée sur tous les marchés d'Europe, que les pêcheurs de la Baltique se chargent d'approvisionner. Ils en font, à cet effet, un ample carnage; carnage est le mot propre, car dans la pêche de l'espadon, on ne se sert ni de filets, ni d'hameçons; on lui fait, comme à la baleine, les honneurs du harpon.

Sept hommes montent sur une barque et poussent au large.

Cinq se mettent aux rames; le sixième, qu'on appelle *la vigie*, grimpe à un mât au sommet duquel il se cramponne tant bien que mal.

C'est ce dernier qui est chargé de signaler à l'équipage le poisson que l'on veut atteindre. Debout sur la proue, le harponneur attend que sa proie arrive à la portée de son arme; dès que le moment est jugé opportun, il lance avec vigueur le javelot dont le fer triangulaire mord le dos noir de l'espadon.

ESPADON

PÊCHE DU PHOQUE

On fait une guerre acharnée aux phoques dans les mers du Nord, et surtout sur les côtes du Labrador.

Ces animaux sont amphibies, mais ils passent la plus grande partie de leur vie dans l'eau; leur poursuite est donc plutôt une pêche qu'une chasse.

Les phoques recherchent, soit les plages sablonneuses et abritées, soit les rochers battus par les vagues ou les touffes épaisses d'herbes sur le rivage.

C'est pendant la tempête qu'ils aiment à prendre leurs ébats sur les grèves; quand, au contraire, le ciel est beau, ils semblent ne vivre que pour dormir.

Le groupe de ces animaux comprend deux genres de phoques, qui ne sont qu'une variété de l'espèce : le *phoque* et le *morse*.

Ils sont tous deux couverts de poils et de même grosseur.

La tête du premier comme du second ressemble à celle du chien, seulement la mâchoire des morses est armée d'énormes défenses qui atteignent parfois 60 centimètres de longueur et fournissent un très bel ivoire.

La graisse de ces poissons donne beaucoup d'huile, et leur peau fait un cuir épais très recherché des Chinois.

Quant à leur taille, elle varie de 1 mètre à 1 mètre 50.

Les Anglais et les Américains, qui font la concurrence aux

Esquimaux, pratiquent en grand la pêche des phoques et emploient, chaque année, pour cet objet plus de 60 navires de

PHOQUES

250 à 300 tonneaux; l'huile qu'on en retire s'importe en Europe et aux États-Unis. Pour cette pêche, comme pour celles de la baleine et de l'espadon, on se sert du harpon.

MORSES

PÊCHE DU REQUIN

Quelques écrivains ont avancé que le mot requin était une corruption du mot *requiem*, auquel est attachée l'idée de mort.

Noël ne partage pas cette opinion; il pense que le mot requin vient d'un mot norvégien, qui signifie *chien qui attrape ou saisit*.

Baudrillart décrit ainsi cet animal vorace, qu'on ne pêche pas précisément pour en tirer parti, mais plutôt pour lui faire payer les méfaits dont il se rend si souvent coupable au détriment de l'espèce humaine :

Le requin a le corps très allongé, la tête plate et terminée en pointe; ses yeux sont à moitié couverts par une membrane, et ses narines, placées sur le museau, se trouvent à moitié recouvertes par un appendice de la peau.

L'ouverture de la bouche et du gosier est tellement large que les grands requins peuvent avaler un homme tout entier. Ses mâchoires sont armées de plusieurs rangées de dents pointues, blanches comme l'ivoire, et qui augmentent en nombre avec l'âge. Sa langue est courte, épaisse et cartilagineuse.

Sa peau est rude au toucher, enduite d'une mucosité abondante et phosphorique dans certaines circonstances. Il a les nageoires brunâtres, fermes, cartilagineuses comme la langue, et les pectorales plus grandes que les autres; elles sont, ainsi que sa queue, unies par des muscles puissants, ce qui lui donne la faculté de nager avec une assez grande vélocité.

La force du requin est telle qu'un individu de petite taille peut, lorsqu'il est hors de l'eau, casser la jambe d'un homme et même le tuer d'un seul coup de queue.

Ce formidable squale parvient jusqu'à une longueur de plus de 30 pieds; il pèse quelquefois jusqu'à 1,000 livres, et rien ne prouve qu'il faille regarder comme exagérée l'assertion de ceux qui ont prétendu qu'on avait pêché un requin du poids de 4,000 livres.

Féroce autant que vorace, avide de sang et insatiable de proie, le requin est surnommé, à juste titre, *le tigre des mers*.

Les sens les plus perfectionnés de ce monstre paraissent être l'odorat et l'ouïe.

Les phoques, les thons et les morues forment sa nourriture ordinaire; mais il est surtout friand des cadavres que l'on jette à la mer; et le naturaliste danois Muller affirme que, près de l'île de Sainte-Marguerite, on prit un requin qui pesait 1,500 livres et dont le ventre contenait un cheval tout entier qu'on avait probablement jeté d'un vaisseau.

Le requin, à cause de la position inférieure de sa bouche, est obligé de se renverser sur le dos pour saisir les objets qu'il convoite, et cette conformation favorise la fuite de beaucoup de ses victimes.

On rencontre les requins dans toutes les mers du globe, mais ils sont surtout très abondants dans la Méditerranée; ils se tiennent ordinairement dans les fonds de la haute mer, mais ils remontent fréquemment à la surface de l'eau pour y chercher leur proie. Ils ne se rapprochent des côtes que lorsque la faim les pousse ou qu'ils sont poursuivis par le grand cachalot, qui leur fait une guerre d'extermination; mais ils bravent ce redoutable ennemi pour suivre les vaisseaux et profiter des restes de

REQUIN

cuisine qu'on jette par-dessus bord ou pour saisir les hommes qui tombent accidentellement à l'eau.

La chair du requin est dure, coriace, difficile à digérer; cependant, faute d'autre viande, on se décide quelquefois à la manger. Les nègres, moins difficiles que les Européens, en font le plus grand cas et la préfèrent à celle des autres poissons.

Les peuples du Nord, qui se livrent par spéculation à la pêche de ce squale, savent, mieux que les autres nations, utiliser leurs prises; ils tirent du foie du requin jusqu'à deux tonnes d'une

huile bonne à brûler, et, comme la peau de ce poisson est tr
rude, ils l'emploient à polir l'ivoire et en font des souliers.

Du temps de Ludolphe, la connaissance des poissons avait fa
peu de progrès, et les erreurs populaires prévalaient encore. C
écrivain nous apprend que le requin était un poisson très redout
des marins qui traversaient la Méditerranée sur de petits bâti
ments.

D'après l'opinion vulgaire, ce squale n'était disposé à leu
nuire que lorsqu'il était tourmenté par la faim. Il suffisait alor
pour l'apaiser, de lui jeter du pain; mais, s'il ne s'en contenta
pas, il ne restait plus qu'une seule ressource. Il fallait qu'u
des hommes, au moyen d'une corde, se laissât descendre ju
qu'à la surface de l'eau; s'il avait le courage de se laisse
approcher du monstre et de le regarder d'un œil menaçant
le danger était conjuré; mais s'il avait le malheur de faibli
le requin saisissait la barque avec ses dents et souvent l
faisait chavirer.

Aujourd'hui, on ne cherche plus à fasciner du regard ce dan
gereux animal; on fait des vœux pour ne pas le rencontrer su
sa route, car malheur à celui qui se trouve à portée de s
redoutable mâchoire.

C'est ce qui arriva, dans la mer du Nord, au maître d'é
quipage d'un trois-mâts norvégien, qui échappa, par u
prodigieux hasard, à la voracité d'un de ces monstrueu
poissons.

Le marin en question avait eu la fantaisie de se baigner
c'était un excellent nageur qui plongeait avec audace et dis

paraissait dans un tourbillon d'eau pour reparaître vingt brasses plus loin.

Un des matelots du navire, qui suivait des yeux notre

CACHALOT

homme, crut apercevoir, à une certaine distance, l'aileron noir d'un requin qui s'avançait entre deux eaux.

Il allait crier au maître d'équipage de rejoindre promptement le navire, quand la crainte de l'effrayer vint heureusement paralyser sa langue, car il s'agissait de manœuvrer avec prudence.

Plusieurs matelots, auxquels il venait de faire signe, s'étaient déjà jetés dans un canot, et se dirigeaient, à force de rames, vers l'endroit où devait se trouver leur camarade, qui, ne se doutant de rien, venait de disparaître une seconde fois sous les flots.

La distance qui séparait le monstre de la proie que sa vue perçante lui avait fait découvrir, s'amoindrissait d'instant en instant; on voyait alors distinctement son aileron noir soulever un sillon d'écume.

Cependant le nageur ne reparaissait pas; il était de ces plongeurs qui savent retenir leur respiration plusieurs minutes de suite.

Pendant ce temps le requin avançait rapidement.

Enfin la tête du maître d'équipage reparut à la surface de l'eau.

— Prends garde, camarade ! cria un des matelots au nageur; embarque et vivement, on a signalé un requin au large.

La voix tremblante et saccadée du marin eût suffi pour révéler le danger, lors même que le bruit que faisait l'horrible bête en nageant n'eût pas averti le malheureux qu'il poursuivait.

On s'empressa de lui jeter un bout de corde; mais la frayeur avait déjà tellement paralysé ses membres qu'il faisait de vains efforts pour l'atteindre.

Deux de ses camarades, penchés au dehors de l'embarcation

au risque d'être précipités eux-mêmes dans les flots, lui tendaient inutilement les mains; il semblait voué à une mort affreuse.

Le requin, qui s'était rapproché, allait indubitablement le saisir, lorsqu'un des marins, monté sur l'avant du bateau, profitant du moment où le féroce animal se retournait pour le dévorer, lui enfonça la gaffe dont il était armé jusqu'au fond du gosier. Il lui fit à la langue une profonde blessure, et la douleur qu'il en éprouva lui fit faire un soubresaut qui changea sa position; il s'était retourné sur lui-même.

Ne pouvant se débarrasser du morceau de bois qui l'étranglait, sa fureur se traduisit par de violentes convulsions et des coups de queue qui faillirent briser l'avant du canot.

Mais le maître d'équipage était sauvé.

Le requin est l'ennemi naturel du matelot; c'est donc fête à bord quand un de ces monstres marins vient rôder dans les eaux du navire.

Dès qu'un de ces squales est signalé, tout le monde monte sur le pont. Le maître d'équipage s'empare d'un croc en fer rivé à une chaîne de plusieurs pieds; c'est l'*émérillon* auquel on attache un gros morceau de lard. L'appât, lancé avec force, produit, en tombant dans la mer, un bruit qui attire nécessairement l'attention du requin; en effet, bientôt il s'en approche, et, à la distance de quelques brasses, il plonge comme pour l'examiner en dessous; il s'éloigne ensuite et revient de nouveau pour le flairer.

Cependant, le marin qui tient la corde au bout de laquelle

pend l'émérillon se tient prêt, et quand le monstre, à demi renversé sur le dos, ouvre ses mâchoires entre lesquelles a dispar le lard tentateur, il donne à l'engin une violente secousse qu enfonce la pointe du redoutable hameçon dans l'œsophage d son ennemi, qui dès lors commence à se débattre.

Bientôt la mer blanchit d'écume autour de lui, il fait des bond énormes et plonge avec rapidité ; mais le solide cordage l'arrêt en élargissant sa blessure. Alors il remonte à fleur d'eau, s débat longtemps, et, de sa puissante queue, qui frappe ave furie la surface de la mer, il fait voler l'écume, rougie de so sang, jusque sur les spectateurs qui lui répondent par des cri de victoire.

C'est alors qu'à force de bras on le hisse à bord, et, dè qu'il est sorti de l'eau, qu'il a perdu son point d'appui, ses con vulsions cessent et son agonie commence.

Une heure après, il ne bouge plus ; mais, par prudence, dè qu'il est étendu sur le pont, on lui coupe la queue d'un cou de hache; c'est une arme dangereuse dont on l'a vu quelquefoi se servir avant d'expirer.

PÊCHE DU DAUPHIN

« Le dauphin, dit Cuvier, est le type de la première famille des cétacés. »

DAUPHIN

Ce poisson a reçu de Geoffroy Saint-Hilaire le nom de delphinien, mais nous lui conserverons sa première appellation.

Le dauphin est caractérisé par la petitesse de sa tête, ainsi que par son système dentaire qui consiste, tantôt en un plus ou moins grand nombre de dents généralement coniques, tantôt en longues défenses horizontales.

En outre, ce poisson a le corps fusiforme (en forme de fuseau) s'amincissant insensiblement vers la queue. Ses évents n'ont qu'une seule ouverture, placée au sommet de la tête. Ses mamelles, au nombre de deux, sont placées dans un pli de la peau, près des organes de la reproduction, et elles ne font saillie en dehors que lorsqu'elles sont gonflées de lait.

A en croire les anciens, le dauphin serait un animal doux, intelligent, aimant la musique, susceptible de se familiariser et même de s'attacher à l'homme.

La Fontaine abondait dans ce sens, quand il a dit dans sa fable *le Dauphin et le Singe* :

. . . .
Cet animal est fort ami
De notre espèce; en son histoire
Pline l'a dit : il faut le croire.
Il sauva donc tout ce qu'il put.
Même un singe, en cette occurrence,
Profitant de la ressemblance,
Lui pensa devoir son salut.
Un dauphin le prit pour un homme
Et sur son dos le fit asseoir.
. . . .

On racontait jadis, à propos de ce poisson fantastique, une foule d'histoires plus ou moins merveilleuses.

Malheureusement pour les historiens de l'antiquité, aucun des observateurs modernes n'a jamais eu à en constater de

PÊCHEUR GROENLANDAIS

semblables ; et, au contraire, suivant Cuvier, les dauphins sont, proportionnellement à leur taille, qui dépasse rarement 1 mètre 70 centimètres de longueur, les animaux les plus carnassiers de l'ordre des cétacés.

« Ces animaux, dit-il, sont stupides, brutaux, voraces, n'ayant d'intelligence que juste ce qu'il en faut pour dévorer leur proie et reproduire leur espèce. »

En comparant l'opinion des anciens à l'endroit des dauphins avec les affirmations des naturalistes modernes, on serait porté à croire qu'il y a confusion dans les espèces, et que le poisson considéré par les premiers comme ami de l'homme, était tout autre que celui dont nous écrivons aujourd'hui l'histoire.

Il est vrai que, parmi les auteurs anciens qui racontent les merveilles dont nous sommes autorisés à contester l'exactitude, il en est un qui prétend avoir été témoin oculaire de ce qu'il rapporte.

« J'ai vu moi-même, dit Pausanias, un dauphin qui, blessé par des pêcheurs et guéri par un enfant, lui témoignait sa reconnaissance ; je l'ai vu venir à la voix de cet enfant, et, quand celui-ci le désirait, lui servir de monture. »

Si l'on admet la véracité de l'écrivain grec, il faut nécessairement admettre en même temps qu'il s'est trompé d'espèce.

S'il a pris un phoque pour un dauphin, son histoire s'explique parfaitement et peut être vraie de tout point.

Supposons maintenant qu'il n'est plus question de l'animal dont a parlé le bon La Fontaine, et revenons aux dauphins décrits par Cuvier.

Lorsqu'un navire est à la voile, il est constamment escorté par des troupes de poissons plus ou moins gros, attirés par les débris de cuisine et les balayures qui leur fournissent une nourriture abondante.

Les dauphins, attirés à leur tour par ces légions de poissons dont ils ont l'habitude de se nourrir, se rassemblent aussi autour des navires, les suivent pour avoir continuellement une proie à leur portée, et en cela ils sont imités par les requins.

Les matelots, qui, de nos jours, croient encore aux récits légendaires, ont fait la remarque que les requins attaquent et dévorent les hommes tombés accidentellement dans la mer, tandis que les dauphins ne leur font aucun mal, et, au lieu d'attribuer ce fait à une différence d'organisation, ils le mettent encore sur le compte d'une prétendue amitié que ces poissons ont pour l'espèce humaine.

Les dauphins habitent plus particulièrement les mers de l'Islande et du Groënland; ils vivent parfois en troupes assez nombreuses et nagent avec une très grande vitesse.

On les recherche pour leur graisse qui fournit une huile aussi bonne que celle de la baleine, et pour ses défenses qui servent au même usage que l'ivoire.

Quant à leur chair, les Groënlandais la mangent avec délices.

On pêche le dauphin de plusieurs manières, soit, comme le requin, à l'aide de l'émérillon amorcé avec du lard, soit, comme la baleine, en employant le harpon.

HUTTES DE GROENLANDAIS

PÊCHE DU ROUGET

Ce poisson est remarquable par son profil qui est presque vertical et sa couleur d'un beau rouge avec des reflets irisés; le dessous de son corps est argenté, et ses nageoires jaunes, tellement développées qu'elles lui permettent de s'élancer hors de l'eau pour échapper aux bonites et autres espèces voraces qui les poursuivent. Son corps est oblong et couvert d'écailles fort dures.

Le rouget était fort recherché des Romains, moins peut-être à cause de l'excellence de sa chair que parce qu'ils prenaient un puéril plaisir à les voir mourir dans des vases de verre et à observer les changements que ses brillantes couleurs prenaient pendant son agonie.

Il paraît qu'autrefois ce poisson était fort rare, car Pline parle d'un rouget qui fut acheté 1,558 francs par Asinias Celer, et Suétone, de trois autres qui furent payés 1,946 francs pièce.

Le rouget est plus commun dans l'Océan que dans la Méditerranée; sa taille ordinaire est de 25 à 30 centimètres de longueur.

On le pêche à la ligne dormante amorcée avec de la viande.

Le bruit que ce poisson fait entendre quand on le prend lui a fait donner le surnom de *grondin*. On en voit assez souvent sur les marchés de Paris.

ROUGETS

PÊCHE DE LA MURÈNE

La murène, espèce d'anguille qui se trouve dans la Méditerranée, a cela de commun avec le requin, qu'elle se nourrit volontiers comme lui de chair humaine.

Ce poisson était si estimé des Romains qu'ils en élevaient des quantités considérables dans des viviers construits, à grands frais, sur les bords de la mer.

MURÈNE-ANGUILLE

La voracité de ce poisson avait fait concevoir à Vedius Pollion, chevalier romain, l'un des favoris d'Auguste, un nouveau genre de cruauté. Il faisait jeter dans ses viviers les esclaves condamnés à mort, et il prenait plaisir à considérer le spectacle de ces malheureux dont le corps était déchiré en quelques instants par des milliers de murènes.

Ce poisson est marbré de brun sur un fond jaunâtre; il

atteint un mètre et plus de longueur, et sa bouche est garnie, à chaque mâchoire, d'une seule rangée de dents acérées.

On le pêche, comme tant d'autres poissons, avec des filets.

L'ancienne réputation de la murène semble lui faire du tort; car, en France surtout, sa chair, si succulente qu'elle soit, est peu recherchée des gourmets dont elle soulève le cœur.

MURÈNE-CONGRE

PÊCHE DE LA MORUE

De Terre-Neuve, île de l'Amérique du Nord, dans l'Atlantique, dépend le banc de ce nom qui a une longueur de 1,000 mètres sur 300 de largeur.

Découvert en 1497 par le navigateur Cabot, il fut occupé au nom de la France par Verazzini, en 1525.

Devenus possessions anglaises, en vertu du traité d'Utrecht en 1713, ses parages furent, pendant de longues années, interdits aux marins français.

Mais depuis, les traités de Versailles et de Paris, de 1763 et 1783, renouvelés en 1814 et 1815, réservèrent à la France le droit de pêcher la morue sur ledit banc de Terre-Neuve, au nord et à l'ouest.

De plus, la propriété de l'île appelée cap Breton et de toutes les autres îles situées dans le golfe de Saint-Laurent fut garantie à la France, et les traités lui laissèrent la faculté de s'y fortifier.

L'île du cap Breton n'est éloignée de Terre-Neuve que d'environ quinze lieues.

En autorisant les Français à venir pêcher près de leurs possessions, les Anglais mirent pour condition qu'ils ne pourraient y fonder d'autres établissements que ceux nécessités par la pratique de la pêche, durant l'époque annuelle où le poisson abonde sur leurs côtes.

Ces établissements auxquels nos marins ont donné le nom de *chaufauds* (échafauds) consistent en cabanes d'habitation, magasins et hangars destinés à recevoir une partie de la cargaison et de l'équipage du bâtiment qu'on dégrée pendant la saison de la pêche; en plates-formes, sur lesquelles s'exécutent les diverses opérations dont nous parlons plus loin, et, enfin, en un vaste pavage de galets où se fait le sèchement de la morue, la salaison opérée.

C'est de là que partent chaque matin les bateaux, espèces de chaloupes montées par quatre hommes; c'est là qu'ils reviennent chaque soir avec le produit de leurs lignes, et que, le lendemain, des hommes spéciaux font subir aux poissons capturés diverses préparations.

La pêche de la morue se fait en avril, mai et juin.

Les bâtiments frétés pour cette pêche sont munis de bateaux destinés à faire provision de mollusques et de poissons pour servir d'appâts; les plus estimés sont les équilles, les capelans et les harengs à demi-sel.

Lorsque les navires terneuviens sont arrivés à destination, chaque pêcheur, chaudement vêtu et protégé par un tablier qui lui monte jusqu'au cou, s'établit dans un tonneau à double fond, amarré le long du bordage.

C'est de là qu'il laisse filer sa ligne qui consiste en une corde très forte, longue d'environ 150 mètres, et munie à son extrémité d'un plomb, dont la pesanteur varie de 4 à 5 kilos.

PÊCHE DE LA MORUE

On attache à la ligne principale une cordo plus fine appelée *empile*, qui porte l'hameçon et qui a de 6 à 10 mètres de longueur.

Le pêcheur, lorsqu'il a jeté sa ligne, doit la remuer pour qu'elle flotte entre deux eaux et qu'elle soit plus visible aux poissons.

Quand la morue a mordu, le pêcheur l'amène à fleur d'eau et la saisit avec un *gaffat*; alors il l'attache par le derrière

MORUE

de la tête à un petit instrument de fer qu'on appelle *élanqueur*. Puis il lui arrache la langue, lui ouvre le ventre et en retire les entrailles dont on se sert pour amorcer, et enfin passe le poisson à bord, où on lui fait subir les préparations indispensables à sa conservation.

Sur le pont du navire, on installe une table appelée *étal*. Un matelot, surnommé l'*étêteur*, y pose la morue, lui coupe la tête et retire le foie qu'on met à part pour en faire l'huile dont les médecins de nos jours ont fait la réputation en la prônant, quand même, à leurs malades.

Il enlève ensuite les œufs dont on fait la *rogue*, employée à la pêche de la sardine.

Ces opérations terminées, l'*étêteur* passe le poisson à un autre matelot appelé l'*habilleur*.

Celui-ci ouvre entièrement la morue, ôte l'arête et nettoie la cavité abdominale.

La morue est alors jetée dans la cale, où on lui donne son premier sel ; pour cela, on empile les poissons les uns sur les autres, on sépare chaque lit par une couche de sel, et au bout d'un ou deux jours, les morues ont rendu leur eau et leur sang. Une fois remontées sur le pont, on les sale une dernière fois et on les empile dans des tonneaux.

C'est par le nombre de langues de morue que chaque homme apporte au capitaine qu'on connaît le produit des pêches et que chacun sait ce qu'il a gagné.

La pêche de la morue est une des plus importantes des expéditions maritimes de la France. Sans compter le coût des navires, elle met en mouvement un capital de 12 à 13,000,000, et emploie environ 400 navires jaugeant 48,000 tonneaux et montés par 12,000 marins; enfin, elle apporte sur le marché près de 30,000,000 de kilogrammes de poissons.

12,000,000 sont consommés en France; le reste est exporté.

C'est surtout parmi les marins que la pêche de la morue emporte chaque année dans les havres de Terre-Neuve, qu'il faut chercher dans toute leur force les pensées religieuses.

C'est à leur retour qu'on les voit accomplir ces vœux formés au moment du danger, dans ces instants critiques où, la manœuvre devenue impuissante, ils remettent leur vie entre les mains de Dieu, vœux toujours accomplis avec une fidélité ponctuelle.

LE VŒU

PÊCHE DE L'ESTURGEON

L'esturgeon est, en général, un gros poisson dont les habitudes sont douces. Sa forme est celle des squales.

Il a le corps garni d'écussons osseux implantés sur la peau en rangées longitudinales; sa tête est cuirassée à l'extérieur, et sa bouche, petite et dénuée de dents, est placée sous le museau duquel pendent des barbillons.

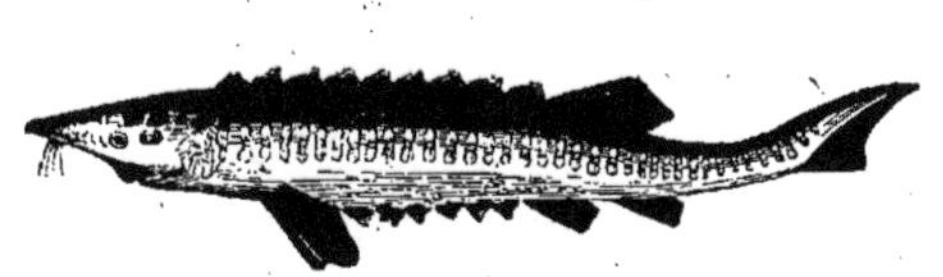

ESTURGEON

Ses yeux et ses narines sont aux côtés de la tête; la nageoire dorsale de ce poisson se trouve en arrière, et celle caudale entoure l'extrémité de la queue.

Il n'est pas rare d'en trouver de 15 pieds de long; ils parviennent quelquefois même jusqu'à 20 et 22 pieds.

L'esturgeon se trouve dans les mers, mais aussi dans presque tous les grands fleuves de l'Europe et de l'Asie septentrionale.

Connu des anciens et particulièrement des Grecs qui le pêchaient dans le Pont-Euxin, l'esturgeon était un poisson royal ne paraissant que sur la table des princes.

La pêche de ce poisson commence en février, et dure jusqu'en juillet et août.

Dans les pays où ils sont très communs, comme en Russie, on en prend pendant l'été et l'automne dans les eaux du Volga.

Dans les fleuves où ils remontent au printemps en bandes nombreuses pour y déposer leurs œufs, ils se nourrissent de saumons dont les migrations coïncident avec les leurs. En temps ordinaire, ils se contentent de harengs, de maquereaux et surtout de vers que recèlent le limon des rivières et le sable des mers, qu'ils sondent avec leur museau pointu.

La force de l'esturgeon est si considérable, que d'un coup de queue il renverserait l'homme le plus robuste; quant à sa fécondité, elle est extrême : on a trouvé près de 1,500,000 œufs dans le corps d'un de ces poissons.

Les jeunes esturgeons redescendent à la mer et ne remontent les eaux douces que lorsqu'ils sont adultes.

Leur chair se mange fraîche, sèche ou marinée ; elle est d'une saveur fort délicate et peut se comparer à celle du veau, car elle a le même goût et se fait rôtir à la broche comme la viande de boucherie.

On estime surtout leur laite, qui pèse quelquefois jusqu'à 50 kilos.

La pêche de l'esturgeon ne se fait qu'au filet. On le prend dans nos mers à la suite des bancs de harengs.

En Hollande, on le partage par morceaux que l'on emballe dans de la saumure, et cette préparation, spéciale à ce pays, est l'objet d'un grand commerce avec l'Angleterre.

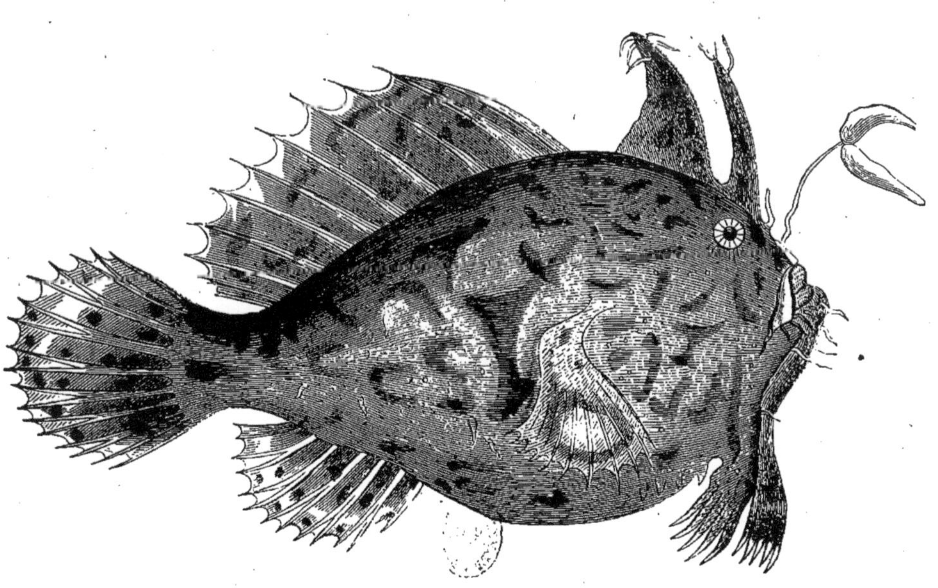

BAUDROIE OU DIABLE DE MER

PÊCHE DU HARENG

Le hareng, dont le nom vient du mot hollandais *haring*, est connu de tout le monde.

L'animal vivant est vert glauque sur le dos, blanchâtre sur les côtés et sur le ventre, et couvert d'écailles d'un brillant glacé métallique.

Le vert du dos se change en bleu après la mort.

Dans la saison de la pêche, ce poisson se tient à une pro-

HARENG

fondeur variable; pendant les gros temps, tantôt il s'enfonce profondément dans les bas-fonds, tantôt au contraire il apparaît à fleur d'eau.

Les harengs se trouvent généralement sur les côtes de l'Amérique, dans la Baltique et la Manche, où on les voit quelquefois s'avancer en colonnes serrées et profondes de plusieurs lieues d'étendue; ils couvrent alors la surface de la mer, semblables à d'immenses tapis aux couleurs de saphir et d'émeraude. La mer paraît en feu et chargée de scintillations phosphorescentes.

La Manche, depuis l'embouchure de l'Orne jusqu'au Pas-de-Calais, est le lieu où les harengs se trouvent en plus grande abondance ; l'instinct de la conservation les conduit ainsi chaque année dans nos mers ; l'âpre climat des régions polaires arrêterait le développement du germe de la vie dans leurs œufs, et ils viennent jeter leur frai sur les sables moins froids de nos rivages.

Cette supposition scientifique est basée sur ce que les harengs sont remplis d'œufs quand ils arrivent et qu'ils n'en ont plus quand ils repartent.

Les migrations des harengs sont restées longtemps mystérieuses; d'après Anderson, les harengs, à la sortie de la mer glaciale, forment un banc qui se sépare en deux bandes; la droite se dirige vers les côtes d'Islande, où elle arrive dans le courant du mois de mars ; puis, tournant vers le sud-ouest, elle gagne le banc de Terre-Neuve, où l'on perd sa trace ; la gauche se subdivise en deux colonnes, dont l'une longe le littoral de la Norvège pour gagner la Baltique, tandis que l'autre continue sa route vers les Orcades. C'est de ce point que, se partageant de nouveau, elles suivent les rives orientales et occidentales des deux îles britanniques pour venir se joindre et disparaître sur les côtes de la Hollande.

On peut se faire une idée de l'importance industrielle du hareng quand on considère qu'elle a été le principe du com-

PÊCHEURS NORMANDS

merce et le fondement de la grandeur de la ville d'Amsterdam.

L'histoire rapporte que Charles-Quint et la reine de Hongrie, étant de passage dans les Pays-Bas en 1536, se détournèrent

BARQUES DE PÊCHE

de leur chemin pour venir visiter le tombeau de l'humble pêcheur Beuckels, qui avait appris à ses compatriotes à saler et à encaquer ces poissons. A cette époque, les Hollandais envoyaient à cette pêche jusqu'à 1,000 bâtiments.

La pêche du hareng se fait de deux manières :

Au moyen de parcs de pierres dans lesquels la marée apporte les poissons et où elle les dépose quand elle se retire ;

Avec des *manets*, sorte de filets où les harengs se prennent par les ouïes.

Ces filets sont beaucoup plus longs que larges ; ils sont composés d'une nappe sans plis que l'on traîne sur le fond des eaux ; ils sont garnis en tête de flottes, et en bas de plomb ou de cailloux. Aux extrémités sont attachées des cordes qui servent à les tendre et à les traîner.

Les harengs vivent, en général, de petits crustacés, de vers marins, de mollusques, et principalement de petites écrevisses si nombreuses dans presque toutes les mers.

Les pêcheurs classent ainsi les diverses espèces de harengs :

1° Les harengs *pecs*, en hollandais *peckle* (salé). On les pêche dans le nord à une époque où leur *rogue* est à peine formée ; ils sont aussi forts que les plus gros harengs qui fréquentent nos côtes ; leur chair est délicate et de bon goût.

2° Les harengs *pleins*, ce sont ceux que l'on prend avant qu'ils aient jeté leur frai. On les pêche presque tous dans la Manche ; ils sont considérés comme les meilleurs, soit frais ou conservés par la salaison ou la fumigation.

3° Les harengs *gais* ou harengs vides. Ces derniers sont les moins estimés ; leur nom vient, d'après quelques auteurs, de la ressemblance que leur forme allongée leur donne avec une *gaine ;* selon d'autres, de la vivacité continuelle de leurs mouvements.

POISSONNIERS DE FÉCAMP

Ce n'est qu'au mois d'août que les harengs sont *murs*. Ceux pêchés en juin et juillet sont de mauvaise qualité, huileux, sans fermeté et ne se conservant pas; souvent même on est obligé de les vendre comme engrais à 3 francs les 100 kilos.

C'est en juin et juillet que d'innombrables bateaux norvégiens, danois, français et surtout anglais et hollandais partent pour la pêche de ces poissons. Ils se dirigent d'abord vers les atterrages des Orcades et des Shetland; de là, ils passent, en septembre, dans la mer d'Allemagne, et, en novembre et décembre, dans la Manche.

Les bateaux les plus grands, dits *dragueurs,* portent jusqu'à 16 hommes.

C'est pendant l'obscurité que commence la pêche. Tous les bateaux portent des fanaux, parce que ces feux, assurent les marins, attirent les harengs. Ces poissons, comme nous l'avons dit plus haut, se prennent en accrochant leurs ouïes aux mailles du filet où ils s'étranglent, ce qui a fait croire que le hareng meurt aussitôt qu'il sort de l'eau.

Quand on juge le filet suffisamment chargé, on le retire. On regarde la pêche comme très bonne lorsqu'au bout de deux heures, on est obligé de faire cette manœuvre.

On a vu prendre dans un temps moindre jusqu'à 11,000 harengs.

Si les bateaux sont voisins d'un port, ils s'y rendent immédiatement, et leurs poissons s'y vendent avec facilité sous le nom de *poissons de nuit*. Ces harengs, nouvellement pêchés, sont fort estimés.

On emploie, pour conserver le hareng, deux procédés différents : la salaison et la dessiccation.

Pour saler ce poisson, on commence par le caquer, c'est-à-dire par lui couper la gorge et lui enlever les entrailles; cela fait, on le met dans la saumure; ensuite on le pose par couches dans du sel, et quand on juge la salaison suffisante, on le range par lits dans des tonnes.

Pour saurer le hareng, on commence par le laisser séjourner au moins 24 heures dans la saumure sans le caquer; ensuite on l'enfile dans des baguettes et on le suspend dans des espèces de cheminées où l'on fait un feu de bois mouillé, de manière à donner une douce chaleur et beaucoup de fumée.

En Islande et au Groënland, les habitants les font simplement sécher à l'air.

Il serait difficile, dit M. Delasise dans la *France maritime*, d'assigner l'époque précise où les Français commencèrent à se livrer à la pêche du hareng.

Le monument le plus ancien de notre histoire dont on puisse tirer des renseignements pour la fixation de cette date, est la charte constitutive de l'abbaye de Sainte-Catherine près de Rouen, qui stipulait une redevance de 5,000 harengs, que les salines de la vallée de Dieppe devaient payer annuellement à la communauté.

En 1070, une dotation de ces poissons fut également faite à l'abbaye de Saint-Amand.

Un autre titre de 1088 fixe au temps de la *harengaison*, l'époque et la durée de la foire, que Hubert duc de Normandie accorda à l'abbaye de Fécamp.

Aujourd'hui, la pêche du hareng occupe en France de

DÉBARQUEMENT DU POISSON

300 à 400 bâtiments, montés par 5,000 marins environ, et l'on peut évaluer ses produits à 4,000,000.

Pendant un certain temps en France, on avait adopté un système de travail pour les pêcheurs nécessiteux : l'association ou *le travail à la part*.

Un groupe de pêcheurs voulait-il armer un bateau, on s'adressait à une sorte de banquier, appelé par les marins *Écoreur*. Ce dernier avançait la somme indispensable pour la construction du bateau, soit 50,000 francs, et, en outre, l'argent nécessaire pour que les familles des pêcheurs pussent vivre pendant leur absence. Il fournissait, de plus, la somme nécessaire pour les filets, les barils et les engins.

Les comptes se faisaient alors de la manière suivante :

Le voyage avait donné 30 *larts* (mesure qui équivaut à 12 barils de harengs), vendus 300 francs le lart, cela faisait un produit de 9,000 francs que l'on partageait ainsi :

1° Pour l'écoreur, 5 pour °/₀ de son argent, soit 450 francs ;

2° Pour le prix des fournitures, sel, biscuits, bière et eau-de-vie, 3,000 francs ;

3° Pour avances faites aux familles des pêcheurs, 500 francs ;

4° Enfin pour les bénéfices entre les vingt hommes d'équipage, 4,500 francs.

Avec cette méthode, chaque pêcheur avait donc, pour le travail de son année, une somme d'environ 900 francs. C'était une véritable participation aux bénéfices, sous une de ses formes les plus avantageuses; le marin n'était ni propriétaire ni ouvrier, mais bien l'associé du patron, partageant son sort dans la bonne comme dans la mauvaise fortune, et ayant autant d'intérêt que lui au succès de la campagne.

Aujourd'hui, on a renoncé à ce système; chaque pêcheur,

riche ou pauvre, prétend être son maître, et opérer à ses risques et périls.

Le pauvre a renoncé au morceau de pain assuré pour courir la chance d'un plus grand bénéfice.

Souvent il a lieu de s'en repentir.

COFFRE

PÊCHE DU POISSON VOLANT

Le poisson volant est le papillon des mers, papillon d'argent et d'azur.

On prétend qu'il vole, on pourrait plutôt dire qu'il bondit, qu'il s'élance à l'aide de ses nageoires, car on ne peut pas raisonnablement appeler ailes les frêles membranes de gaze à l'aide desquelles ce petit poisson s'efforce à chaque instant de changer d'élément.

Au surplus, il ne plane jamais qu'à une légère élévation; sa course est toujours droite, et chacun de ses bonds a la même étendue, 5 ou 6 toises au plus; et pour se soutenir hors de l'eau, il faut que ses membranes soient humides; l'air ne tarde pas à les sécher, et alors elles perdent toute leur puissance.

La légende seule a pu faire d'un poisson un oiseau, et les marins ont adopté cette poétique transformation.

Les poissons volants vont presque toujours par bandes, par cent, par mille, par volées innombrables, et il arrive souvent que, élancés hors de l'eau, sans juger de la portée de leur vol, ils retombent sur un navire dont le pont est peu élevé.

C'est surtout pendant la nuit que les marins font une récolte abondante de ces poissons volants.

Comme leur chair est très délicate, elle est réservée aux passagères et aux malades du bord.

Les poissons volants ont le corps couvert d'écailles brillantes, argentées sous le ventre; leur tête est fine et allongée; leur bouche, petite, et leurs mâchoires, osseuses, mais privées de dents. Leur nageoire caudale est fourchue; celles pectorales, aussi longues que le corps; les ventrales, minces et couchées.

Leur longueur ordinaire varie de 7 à 8 pouces et va jusqu'à 1 pied, mais jamais plus.

Les poissons volants habitent plus particulièrement la Méditerranée; mais on les trouve aussi sur les côtes d'Italie, où on les prend au filet.

On dit que leur tête phosphorescente indique aux pêcheurs les bandes sous-marines qu'ils ont à poursuivre.

On trouve encore dans les mers tropicales des poissons volants qui diffèrent peu des premiers.

C'est dans les eaux bleues de ces chaudes latitudes qu'on les aperçoit par bandes si compactes, que lorsqu'ils prennent leur vol tous ensemble, ils font l'effet d'un gros nuage découpé sur l'horizon.

Ces poissons inoffensifs ont de nombreux ennemis; les dorades, les thons, comme aussi les oiseaux de mer qui les jalousent, leur font une guerre acharnée.

Amédée Gréhan raconte, dans *la France maritime*, une anecdote assez curieuse que nous prenons la liberté de lui emprunter; nous sommes persuadé que cette reproduction, au lieu de faire du tort à son savant ouvrage, engagera, au contraire, nos lecteurs à en prendre connaissance à l'occasion.

« Un soir, pendant une traversée de France aux Antilles,

POISSON VOLANT

il nous arriva de vouloir prendre des poissons volants qui folâtraient en grand nombre autour de notre navire.

» Une petite ligne dont l'hameçon était enveloppé de lard fut pendue à l'avant du bâtiment, qu'une brillante journée de calme retenait dans les molles brises des régions alizées.

» Apparemment que pas un poisson de gros calibre n'était dans ces parages, car les oiseaux marins se balançaient vainement en l'air, en rasant parfois la surface houleuse de la mer, et les petits poissons ailés nageaient çà et là à la rencontre des débris de nourriture que leur jetaient les matelots.

» Dans la bande si confiante des petits affamés, se trouvait surtout un de ces poissons d'une dimension peu commune; aussi faisions-nous de grands efforts pour le tenter par l'appât que nous trempions souvent dans l'eau à son passage.

» Deux ou trois fois déjà nous avions cru le voir mordre à l'hameçon déguisé, et, une dernière fois surtout, nous avions discuté la sauce la plus convenable à en faire valoir la chair délicate, lorsqu'au moment où, à demi sorti de la mer, nous croyions lui avoir vu mordre notre appât, nous aperçûmes une énorme dorade qui se souleva sous lui et l'engouffra à l'instant où il mangeait notre lard; la ligne en fut cassée, la sauce mise de côté.

» Tout l'équipage déplorait cette perte, lorsqu'une bande de dorades vint à son tour prendre part aux débris de cuisine que les matelots jetaient dehors par forme d'amusement.

» Nous demandâmes une ligne à dorade, et, dûment garnie de lard, nous la jetâmes à l'eau. Peu d'instants après, une belle dorade y mordit; on la hala à bord, et le cuisinier la fendit de son large coutelas.

» Elle avait dans le ventre le poisson volant.

» La sauce fut donc remise au feu. »

AIGLES DE MER

PÊCHE DU SAUMON

Le saumon tient le milieu entre les poissons de mer et ceux des rivières. Bien qu'il naisse dans l'eau douce, il croît dans l'eau salée, et parvient souvent à une grosseur considérable.

On le trouve fréquemment à l'embouchure des grands fleuves dont les eaux, moins agitées, lui servent de retraite pendant une partie de l'année ; il remonte même parfois jusqu'à leur source, à l'époque du frai, pour y déposer ses œufs dans des trous qu'il creuse à cet effet.

Le saumon a le corps allongé, aplati latéralement, la tête petite et noirâtre, l'ouverture de la bouche très fendue, la mâchoire supérieure avançant un peu et garnie de dents pointues; son ventre est d'un rouge vif, et sa queue en croissant.

Ce poisson est très abondant dans l'Océan septentrional, jusque sous les glaces des mers arctiques.

En Écosse, il était autrefois tellement abondant qu'un beau saumon, d'à peu près 12 livres, s'y vendait quelque chose comme six pence (60 centimes). Les rivières d'Irlande, célèbres par leurs saumons, sont : l'Erne, le Ballyshannon, le Moy, le Bann, le Blackwater et le Shannon. Celles d'Écosse sont : la Tweed, le Don, le Dee, et surtout le Tay.

Chaque printemps, pour aller frayer, ils émigrent par troupes nombreuses, formant de longues files; les femelles, précédant toujours les mâles, nagent avec grand bruit, mais s'avançant lentement, à moins qu'un danger ne les menace; alors la rapidité de leur course est telle, qu'on les voit parfois franchir par seconde une étendue de huit mètres environ. Rencontrent-ils un obstacle, tel qu'un barrage ou une chute, par un effort de muscles, ils contractent leur corps en une courbe très prononcée, et, prenant l'eau pour point d'appui, détendent avec vivacité l'arc qu'ils avaient formé, s'élançant ainsi à une hauteur qui varie d'ordinaire entre 5 et 6 mètres; on en a vu faire jusqu'à des sauts de 10 mètres. Souvent leurs premières tentatives sont infructueuses; mais, loin de perdre courage, ils font de nouveaux efforts, jusqu'à ce qu'ils aient atteint le sommet qu'ils cherchent à franchir.

Les jeunes saumons grandissent très promptement, et lorsqu'ils ont atteint la longueur d'un pied, ils abandonnent les eaux douces et gagnent la mer.

A Châteaulin, près de Brest, au Pont-Château, sur l'Allier, il y a des pêcheries considérables de saumons.

En France, les côtes de la Picardie, de la basse Normandie, et surtout celles de Bretagne, sont très fournies de ces poissons; on en prend aussi beaucoup dans la Gironde et même dans l'Adour.

La chair du saumon est rougeâtre, ferme et savoureuse.

C'est vers la fin d'octobre que la pêche du saumon commence; elle devient de plus en plus abondante jusqu'à la fin de janvier, et cesse complètement en juillet.

MIGRATION DES SAUMONS

La pêche du saumon, pratiquée en grand, est une opération fort simple. Un bateau, chargé d'une senne, quitte le bord et décrit un grand cercle, en laissant glisser à l'eau le filet après un temps plus ou moins long passé dans une attente silencieuse. Ce filet est tiré peu à peu au moyen d'un cabestan, et le cercle, de plus en plus resserré, finit par amener le poisson sur le sable.

On se sert encore de verveux ou de filets tendus à des perches en travers du fleuve, et qui retiennent une grande quantité de poissons.

Enfin, dans certaines localités, on emploie, pour s'emparer des saumons, une espèce de harpon ou trident; cette sorte de pêche se fait au feu pendant la nuit.

SAUMON

PÊCHE DU THON

La famille du thon est nombreuse ; nous ne parlerons ici que de l'espèce dont il se fait en France un grand commerce.

Le thon est d'un noir bleuâtre sur le dos, avec des teintes argentées sur le ventre; sa longueur ne dépasse généralement pas un mètre; mais parfois il atteint une dimension triple et même quadruple. On en a pris sur les bords de la Sardaigne qui pesaient jusqu'à 500 kilogrammes. Ceux qui pèsent de 50 à 100 kilogrammes sont les plus nombreux; ils sont appelés par les marins *demi-thons*.

La chair de ce poisson est très estimée, et sa préparation s'exerce dans les différents pays où il se pêche. En général, on la coupe en tranches, que l'on conserve dans du sel, ou par la cuisson, ou par l'immersion dans l'huile.

C'est surtout dans la Méditerranée que ce poisson abonde.

On a cru longtemps que les thons n'y étaient que de passage ; mais on sait aujourd'hui qu'au lieu de faire de longues excursions, ils passent une partie de l'année dans les eaux les plus profondes.

C'est au moment où ils reparaissent pour frayer sur le rivage que les riverains se livrent à leur pêche ; elle a lieu principalement sur les côtes de la Sardaigne, de la Sicile et de la Provence.

La pêche du thon se fait de deux manières, au *thonaire* ou à la *madrague*.

Pour la première, on agit ainsi :

Lorsqu'on a signalé l'approche d'une légion de thons, les bateaux partent sous le commandement d'un chef appelé le roi de la pêche; on choisit de préférence le plus vieux ou le plus expérimenté des marins de la côte; au signal qui leur est donné, les embarcations se rangent sur une ligne courbe et jettent leurs filets de manière à former une vaste enceinte autour des poissons que le bruit effraye et qui cherchent à se dérober.

Alors, à l'aide de nouveaux filets, on rétrécit de plus en plus l'enceinte, jusqu'à ce que les thons, ramenés vers le rivage, puissent y être tirés pour être aussitôt tués au moyen de crocs.

La pêche au *thonaire* donne parfois en un seul coup de filet de 2 à 3,000 quintaux de poissons.

La *madrague* est un engin fixe qui consiste en une série d'enceintes formées avec des filets maintenus verticalement; chacune de ces enceintes est ouverte du côté de la terre, et le tout fermé par un dernier filet qui relie cette espèce de labyrinthe et arrête les thons dans leur course.

Ceux-ci se détournent, pénètrent dans les enceintes où ils s'égarent, et arrivent enfin à un dernier compartiment appelé *chambre des morts*.

CÔTES DE LA SICILE

C'est là que les pêcheurs, ayant soulevé les filets jusqu'à la surface de l'eau, livrent aux thons un combat acharné.

La pêche du thon se fait deux fois l'an, au printemps et à l'automne.

« En Sicile comme en Provence, raconte M. Léon de Bernard dans le *Monde illustré*, la récolte du poisson du mois de mai, si elle est abondante, se fête avec enthousiasme.

» Lorsque les pêcheurs rentrent au port pour débarquer, la population tout entière court au rivage pour acclamer les tartanes, dont la voile triangulaire porte à son extrémité le drapeau vainqueur.

» Les barques se réunissent, et le roi de la pêche choisit, parmi toutes les prises, le thon qu'il juge le plus beau. Ce poisson sera le héros de la fête.

» Quatre vigoureux marins le suspendent, au moyen de cordes, à deux rames posées parallèlement sur leurs épaules, et, précédés de quelques matelots virtuoses, marchent en tête du cortège. Le bruit des trompettes et des tambours accompagne d'une symphonie assez discordante les chants de triomphe ; la joie n'en est pas moins vive chez tout le monde.

» La marche triomphale continue dans toutes les rues, et, le soir, la lueur des flambeaux éclaire tous ces visages, épanouis par le bonheur et quelques libations.

» Enfin, quand la promenade victorieuse est terminée, *le héros thon* subit le sort de ses confrères moins glorieux : il est dépecé et dévoré par un animal plus ichtyophage que lui, par le pêcheur palermitain. »

PÊCHE DE LA TORTUE

Il y a des tortues de terre et des tortues de mer.

Nous ne parlerons ici que de ces dernières.

Les tortues marines diffèrent de toutes les autres par leur conformation et leurs mœurs. Leurs pattes, déprimées en forme de palettes, ne sont propres qu'à la navigation.

La carapace de ces animaux aquatiques est *cordiforme*, c'est-à-dire en forme de cœur ; leur bec est tranchant sur les bords; leurs narines sont surmontées d'une masse charnue, sorte de soupape qui ferme ces ouvertures quand ils plongent dans l'eau. Les membres des tortues, seule partie du corps que leurs ennemis peuvent atteindre, sont protégés par les écailles épidermiques qui les recouvrent.

Les tortues, qui abondent dans l'océan Atlantique, ont le plus souvent une longueur de 2 mètres sur 1 mètre 50 de largeur, et pèsent jusqu'à 400 kilogrammes. Elles se tiennent dans la haute mer, et font, en nageant, de longs trajets, pour venir pondre sur des plages désertes, basses et sablonneuses.

L'île de l'Ascension est le lieu qu'elles semblent affectionner par-dessus tous les autres.

Les tortues pondent deux fois dans l'année, vers les mois de mai et juin, et le nombre total de leurs œufs est d'environ 250.

Le temps nécessaire à leur éclosion, que le soleil favorise, est de dix-sept jours.

Alors, malheur aux petites tortues qui viennent de naître et s'empressent de se diriger vers la mer; c'est à ce moment qu'elles ont à craindre les nombreux ennemis qui les guettent. Non seulement les oiseaux de proie les attaquent, mais des poissons non moins voraces attendent leur immersion pour les dévorer.

Les tortues de mer se nourrissent principalement d'une espèce de fucus appelé *zostera marina*.

Leur chair et leurs œufs sont pour l'homme un aliment aussi sain qu'agréable; en Angleterre, le bouillon de tortue est très recherché.

Pour approvisionner les marchés, on expédie des vaisseaux jusque dans la mer des Indes, et l'on a même établi, sur certaines côtes, des parcs destinés à la conservation des tortues.

Quand ces animaux sont à terre, on les prend avec facilité en les retournant au moyen de barres de bois qu'on leur passe sous le ventre; une fois sur le dos, elles ne peuvent plus se remettre sur leurs pattes, et l'on a tout le temps de les embarquer.

Dans la haute mer, les tortues s'endorment à la surface de l'eau, en temps calme; et comme elles ont le sommeil lourd,

TORTUE

on peut s'en emparer en leur passant un nœud coulant autour du cou.

On dit même que, dans les mers du sud, d'habiles plongeurs malais vont, entre deux eaux, attacher une corde à la patte des tortues endormies.

ÉTOILE DE MER

PÊCHE DU MAQUEREAU

A côté de pêches aussi mouvementées que celles du thon et du saumon, la pêche du maquereau paraîtra peut-être bien simple, et cependant, comme elle est d'une grande importance, nous ne devons pas la passer sous silence.

Les maquereaux sont des poissons de passage, et ils donnent lieu à des salaisons presque aussi productives que celles que procure la pêche du hareng.

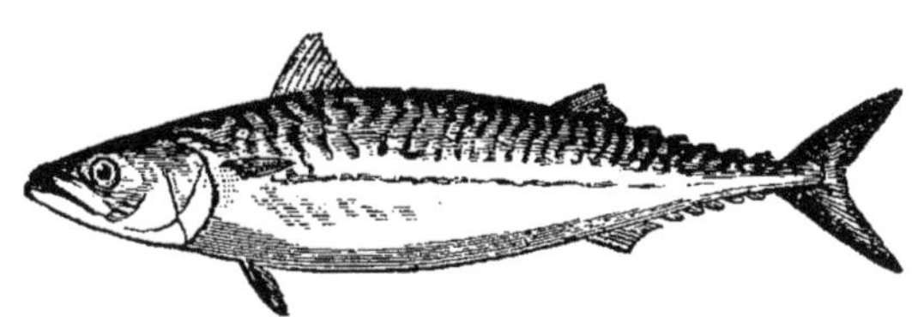

MAQUEREAU

Ce poisson a le corps couvert d'écailles uniformément petites et lisses; sa queue est garnie latéralement de deux petites crêtes cutanées, et il a cinq nageoires sur le dos et sur le ventre.

En sortant de l'eau, il est, en dessus, d'un beau bleu métallique se changeant en vert irisé, et reflétant l'or et la pourpre. Ces couleurs sont séparées par des raies ondulées noires, et le dessous de son corps est d'un blanc argenté. Il a de 30 à 33 centimètres de longueur, rarement 50; mais, à l'entrée de la Manche, on en prend qui ont jusqu'à 65 centimètres, et que l'on sale, parce que, arrivés à cette dimension, leur chair a peu de délicatesse.

Les premiers qui arrivent sur les côtes de France, au commencement de mai, sont sans œufs ni laitance; un mois plus tard, ils sont pleins et délicieux.

Ceux qu'on pêche en juillet sont beaucoup moins estimés, parce qu'à cette époque ils ont déposé leurs œufs et leur laitance.

Les maquereaux, selon certains naturalistes, passent l'hiver dans les mers du Nord; ceux-ci prétendent qu'au printemps, côtoyant l'Islande, l'Écosse et l'Irlande, ils se rendent dans l'Océan.

Leur troupe immense se divise, une partie entrant dans la Manche, pendant qu'une autre pénètre dans la Méditerranée.

D'autres historiens assurent que leurs migrations sont moins lointaines; que, pendant l'hiver, comme tant d'autres poissons, ils se retirent dans les profondeurs de la mer, et qu'ils en sortent au printemps, afin de chercher des lieux convenables pour y déposer leur frai.

Ce qu'il y a de certain, c'est que tous les maquereaux ne quittent pas nos côtes pendant l'hiver; car on y pêche de ces poissons toute l'année.

La preuve, c'est que sur les marchés de Paris on voit des maquereaux en novembre, décembre et janvier.

PÊCHE AU CORDEAU

La pêche des maquereaux est assez facile; ces poissons sont très voraces, et l'on en prend beaucoup, soit avec des hameçons, soit avec des filets appelés *manet* dont les mailles les arrêtent par les ouïes. On les pêche encore à la ligne, au doigt, c'est-à-dire sans canne, aux libourets, à la senne, au trémail.

La pêche faite sur les côtes s'appelle le *petit métier;* celle pratiquée à 30 ou 40 lieues en mer est dite le *grand métier.*

CHAR

PÊCHE DE LA SARDINE

A ceux qui seraient désireux d'assister à une pêche des plus curieuses, celle de la sardine, nous leur conseillerons de se transporter à Cette, dans le golfe de Gascogne; ils pourront y voir, la nuit, des milliers de feux illuminant comme par magie l'immensité de la mer.

C'est le moment par excellence pour assister à la pêche dont nous allons parler.

C'est à la configuration découpée de ses côtes et à l'exposition de ses différentes baies que la France est redevable d'avoir dans les eaux de ses rives la quantité de poissons qui les peuplent.

Aussi se trouve-t-elle la mieux dotée dans la répartition des ressources alimentaires pour ses habitants.

C'est pour elle des branches de prospérité que les autres nations lui ont toujours enviées.

Mais des diverses pêches qui l'enrichissent celle de la sardine est la principale, en ce sens qu'elle en a le monopole, qu'elle n'en partage pas les avantages avec ses voisins, le golfe de Gascogne étant pour elle l'exclusif réservoir où viennent se réfugier d'innombrables légions de ces petits poissons.

Selon Daubenton et d'autres naturalistes, la sardine est entre les espèces vivantes de l'empire des eaux ce que le colibri est parmi les habitants ailés de l'air : *un bijou vivant de la nature.*

La sardine a la tête pointue, assez grosse et souvent dorée; le front noirâtre, les yeux gros, les opercules argentées; ses écailles sont tendres et faciles à détacher. Elle a le ventre terminé par une carène tranchante et recourbée de 15 à 17 centimètres de longueur; les nageoires petites et gris d'argent, les côtés également argentés et moirés de vert ou de violet tendre; le dos arrondi et diapré de sombre. Mais il faut voir la sardine s'ébattre librement dans son élément, pour pouvoir en admirer toutes les perfections; car ce n'est pas à voir ce petit poisson sous les aspects que lui donnent les diverses préparations qu'on lui fait subir avant de le livrer à la consommation que l'on peut reconnaître en lui l'une des œuvres les plus admirables de la création.

Selon quelques naturalistes, les sardines n'ont pas toujours fréquenté les parages où elles paraissent se plaire aujourd'hui. Il est avéré qu'il y a sept à huit siècles les Bretons, qui la recherchent tant aujourd'hui, n'en faisaient pas la pêche; il aurait fallu aller chercher ces poissons dans la Baltique, dans la Méditerranée et particulièrement dans les eaux de la Sardaigne, d'où ils tirent leur nom. On suppose que les profondeurs refroidies de ces mers, où les fonds volcanisés ne sont plus appropriés au tempérament de ce *clupé*, lui firent déserter ces premières stations pour les eaux des côtes bre-

POISSONNIERS DU POLLET

tonnes, dont la température lui convient mieux, et où il trouve en abondance la nourriture dont il est friand, le graissin et la laite de morue, dont les eaux de Terre-Neuve sont imprégnées, et que les coups de vent apportent sur les côtes du golfe de Gascogne.

Pendant cinq mois de l'année, les sardines disparaissent des côtes de France. Où émigrent-elles? où vont-elles se réfugier? C'est un mystère que les naturalistes n'ont pu encore approfondir. Toujours est-il qu'on les voit revenir au mois d'avril, qu'elles viennent rendre aux pêcheurs de la Bretagne dont la seule occupation en hiver est la réparation de leurs filets, l'activité que leur absence avait anéantie. Quelle joie pour ces braves gens quand, au printemps, au retour d'une excursion au large, un des leurs annonce qu'il a vu des sardines!

Les sardines sont revenues, il n'y a pas à en douter : des volées de mauves et de goélands commencent à planer au-dessus de leurs bancs pour les saisir lorsqu'elles frôlent la surface de la mer.

C'est au capitaine Luco, l'un des collaborateurs d'Amédée Gréhan qui a publié *la France maritime*, que nous empruntons les lignes suivantes écrites à l'occasion de l'ouverture de la pêche, dont le syndic a déclaré la libre pratique.

« Une célébration religieuse, simple dans son cérémonial mais imposante par la foi de son motif, vient solenniser l'ouverture de la pêche.

» Le dimanche qui précède, tous les pêcheurs des environs,

avec leurs familles, se rendent processionnellement, après l'office du matin, sur un promontoire qui domine la mer et où un autel est dressé.

» Là, un bon prêtre, dans la ferveur de ses prières, appelle la protection du Ciel sur cette mer d'espérance que les filets de la pauvreté vont bientôt fouiller.

» Dans l'arrondissement de l'île de Groix, en face de Lorient, c'est sur la mer même que cette cérémonie a lieu. L'autel est dressé sur un bateau que 1,000 chaloupes entourent; les pêcheurs l'appellent *la bénédiction du coureau de Groix*.

» Cet usage, consacré par le temps et religieusement observé par le pêcheur breton, convient à ses mœurs et à son enthousiasme pour cette pêche qui fait son espoir et sa joie, et qu'il croit digne de l'intervention de la Providence. »

Les légions de sardines que la belle saison ramène sont si nombreuses, qu'on en prend quelquefois, d'un seul coup de filet, de quoi remplir 40 tonneaux.

On pêche ces poissons à peu près de la même manière que les harengs, mais avec des filets à mailles plus serrées.

Les sardines s'altèrent si promptement, qu'on est obligé de les saler avant de revenir à terre.

On estime à 2,000,000 de francs chaque année le produit des pêches de la Bretagne seule.

La préparation, le transport et la vente de la sardine, à terre, emploient 4,500 personnes, dont moitié du sexe féminin, et 4,520 personnes pour la circulation dans l'intérieur.

BÉNÉDICTION DU COUREAU DE GROIX

La confection des filets occupe 4,000 familles, représentant environ 9,000 travailleurs, dont les trois quarts sont des femmes, dans une étendue de 65 lieues de côtes.

Nous avons oublié de dire que la sardine qui se pêche dans la rade d'Arcachon est connue sous le nom de *royan*.

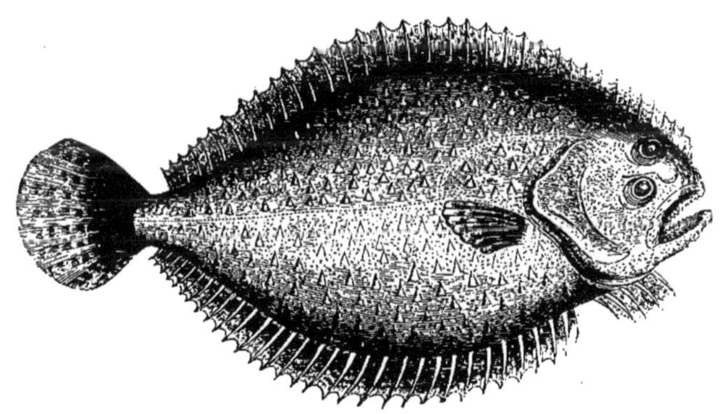

TURBOT

PÊCHE DE L'ÉQUILLE

L'équille est un petit poisson fort commun sur nos côtes et sur celles de l'Angleterre.

Il est mince et plat, a le corps allongé, pourvu sur une grande partie du dos d'une nageoire à rayons argenticulés; il en a une seconde sous le ventre, et une troisième perchée au bout de la queue.

L'équille est revêtue d'une peau épaisse, souvent fort gluante, et laissant à peine paraître les petites écailles qui la garnissent; elle a peu d'arêtes et se rapproche de l'anguille par la position de la fente de ses ouïes.

Lorsque la mer se retire, les équilles s'enfoncent dans le sable jusqu'à une profondeur de 15 à 18 centimètres, pour y chercher des vers dont elles font leur nourriture.

C'est alors que pêcheurs et pêcheuses se répandent sur les grèves, armés d'une petite bêche étroite et pointue, à l'aide de laquelle ils font adroitement sortir de leurs trous ces jolis petits poissons dont la chair est fort délicate, mais qu'on ne connaît ni à Paris ni à Londres, parce qu'ils se transportent difficilement.

Si nous avons parlé de cette pêche qui n'a aucune importance commerciale, c'est uniquement dans l'intérêt des jeunes garçons et fillettes dont les familles fréquentent pendant la belle saison nos stations balnéaires; la description que nous en avons donnée leur inspirera peut-être l'idée de la pratiquer pour leur propre compte. Ce sera pour eux une distraction agréable et salutaire.

Nous recommandons la pêche de l'équille, à laquelle nous nous sommes souvent livré nous-même, à ceux et celles qui ne craindront pas de se mouiller un peu les pieds.

MAIGRE

LES PETITS PÊCHEURS

PÊCHE DU HOMARD

Le homard, ce crustacé qui fréquente la Méditerranée, se pêche en haute mer avec des filets, et à la main sur les

HOMARD

côtes, dans les creux des rochers où ils se tiennent d'habitude.

La carapace du homard est d'une extrême dureté; les divers anneaux du thorax sont ordinairement soudés entre eux, cependant, chez certains sujets, le dernier segment est mobile. Une grande nageoire, composée de cinq lames disposées en éventail, termine postérieurement son corps, et, lorsqu'il veut se mouvoir avec vitesse, il frappe l'eau, en repliant, en bas et en avant, cette espèce de rame terminale.

Ses antennes sont très développées; ses pattes sont longues et grêles, et les deux dernières se terminent par de fortes pinces.

C'est en cela qu'il diffère de la langouste, autre crustacé dont les pattes de devant ne sont pas armées comme les siennes.

Le homard, quand il se hasarde sur les sables, marche à reculons comme les écrevisses, mais il ne sort presque jamais de l'eau.

La chair de cet animal, et surtout celle des femelles avant et après la ponte, est très estimée.

La plupart des homards qui se vendent sur nos marchés sont pris sur les côtes rocheuses de la Bretagne; mais il s'en exporte une grande quantité pour l'Angleterre, où ils ont un véritable succès.

PÊCHE DE LA CREVETTE

La crevette se pêche un peu partout, mais particulièrement sur les côtes de l'Océan; on la rencontre encore dans la mer du Nord, sur les côtes du Hanovre et du grand

PÊCHE DE LA CREVETTE

duché d'Oldenbourg, où l'on en fait une forte consommation.

Voici la description que donne Cuvier de cet intéressant petit crustacé.

« Ses mandibules sont munies d'un appendice articulé et mobile qui ressemble à des pieds nageoires.

» Sa tête est presque toujours distincte du thorax, et porte, en général, quatre antennes auxquelles il faut joindre quatorze pattes.

» L'abdomen, qui est très développé, se compose de sept segments dont les derniers présentent chacun une paire d'appendices qui se réunissent en faisceaux pour former une espèce de queue, ou une sorte d'éventail, de nageoire ou propulseur. En effet, la plupart de ces crustacés sautent et nagent avec facilité, mais toujours de côté.

» Rien de plus curieux que de voir à la marée montante des myriades de ces petits poissons s'agiter en tous sens, battre la vase de leurs longues antennes et la délayer pour tâcher d'y découvrir leur proie.

» Ont-ils rencontré un annélide (ver à sang rouge), ou quelque mollusque, souvent dix et vingt fois plus gros qu'eux, ils se réunissent pour l'attaquer et le dévorer; ils ne cessent leurs recherches que lorsqu'ils ont fouillé et aplani toute la vase.

» La crevette apparaît au mois de mai et disparaît vers la fin d'octobre, époque à laquelle elle s'enfonce dans la vase pour y passer l'hiver; peut-être aussi se retire-t-elle, comme la plupart des crustacés, dans des mers plus profondes.

» Elle se multiplie avec une extrême rapidité, et son accroissement est tel, qu'on en emploie un nombre considérable à la fabrication d'un fumier artificiel.

» Plusieurs établissements ont été spécialement fondés pour cette fabrication.

CREVETTE. — ARAIGNÉES DE MER

» Ces crustacés se prennent dans des nasses que les pêcheurs attachent à des pieux enfoncés dans le sable; dès que la mer s'est retirée, laissant ces nasses à sec, ils s'empressent d'aller les lever pour en tirer les crevettes qui s'y sont prises.

» On trouve généralement sur les grèves, au moment du reflux, un grand nombre de petites crevettes; mais il est assez difficile de les prendre, car elles sont d'une extrême agilité; elles sont justement de la couleur du sable, ce qui leur permet d'échapper aux regards de ceux qui les poursuivent.

» Les crevettes mourant dès qu'elles quittent l'eau de la mer, on est obligé de les faire cuire aussitôt prises.

» Rien de plus facile, du reste; il suffit de les jeter, vivantes encore, dans l'eau bouillante, à laquelle on ajoute un peu de sel, comme l'on fait pour les écrevisses. »

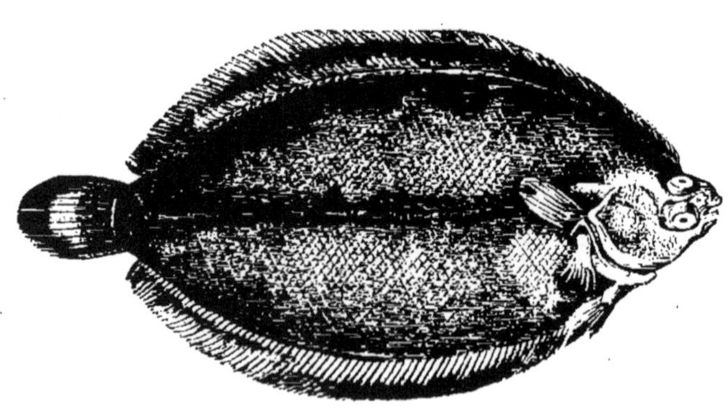

SOLE

PÊCHE DES MOULES

Les marins des environs de la Rochelle se livrent à une industrie qui mérite l'attention des curieux et des observateurs : celle de la pêche des moules.

PÊCHE DES MOULES

Tout le monde, dans les communes d'Esnandes, du Charron et de Marsilly, pêcheurs ou revendeurs, s'y emploient avec la plus grande activité.

Un Irlandais, nommé Valton, fut le premier qui, en 1046, établit des *bouchots* dans la partie sud de l'Aiguillon.

Les bouchots sont des espèces de parcs creusés au bord de la mer.

Les boucholeurs sèment, plantent, cultivent et recueillent des moules sur de grandes étendues de clayonnages, fixés par des pieux sur la vase.

Entre autres procédés ingénieux pour la chasse et la pêche, l'Irlandais Valton vulgarisa l'usage des filets d'Alowret ou filets de nuit qui se placent sur la vasière, pour prendre, quand la lune ne se montre pas, des oiseaux de mer.

Ces filets sont soutenus par des piquets qui les maintiennent au-dessus de l'eau. Submergés à marée haute, ils se chargent de végétation et de polypiers sur lesquels vient s'attacher le frai des moules de la côte, et où ces mollusques, dès leur naissance, prennent un accroissement rapide, s'engraissent et acquièrent un goût très délicat, ce qui fait qu'ils se vendent plus facilement et plus cher que les moules de roche.

Mais Valton ne se contentait pas de ces engins déjà si favorables à la pêche.

« En 1046, rapporte M. d'Orbigny dans la *France maritime,* l'ingénieux pêcheur dessina sur la vase, au niveau des basses mers, un V, lettre initiale de son nom, dont l'angle était tronqué et tourné vers la mer, et dont les côtés, prolongés chacun d'environ 100 toises, s'étendaient, en s'écartant, vers le rivage, de manière à ouvrir un angle de 40 à 45 degrés.

CHASSE AUX OISEAUX DE MER

» Il planta à 3 ou 4 pieds de distance, selon la dureté du sol, et le long de chaque côté de l'angle, de forts pieux de 10 à

BOUCHOTS D'ESNANDES

12 pieds de long, qu'il enfonça dans le sable jusqu'à moitié de leur longueur; il clayonna leur intervalle avec des fascines de branchages les plus longs possible, de manière à obtenir

des panneaux mobiles, capables de résister à l'effort des flots.

» Il laissa, à l'angle formé par les deux panneaux, un espace libre de 3 à 4 pieds d'ouverture pour y placer des *boutrons*, espèce de paniers carrés et ronds, faits en osier et propres à recevoir et retenir les poissons qui se trouveront renfermés entre les parois des palissades à marée descendante.

» Il peupla l'intérieur des clayonnages de jeunes moules, qu'il y fixa dans des sacs de vieux filets.

» Son invention eut tout le succès qu'il pouvait en attendre. Dans la première année, il garnit les endroits restés vides, et les panneaux se trouvèrent couverts, dès le printemps suivant, de belles moules d'un excellent goût qui, dès lors, furent recherchées dans les marchés. »

Les moules se pêchent aujourd'hui de la même manière; elles commencent à être mangeables depuis juillet jusqu'en janvier, et comme leur prix est modique, elles sont d'un grand secours pour les classes indigentes.

Malheureusement, ce poisson détermine quelquefois, après leur injection dans l'estomac, tous les symptômes d'une sorte d'empoisonnement.

On attribue cet accident à la présence d'un petit crustacé appelé *pannothère* que l'on trouve souvent dans ces mollusques, ou au frai des étoiles de mer quand ils s'en nourrissent.

Il est donc prudent de s'abstenir des moules du mois de mai à celui de septembre, temps pendant lequel ces accidents s'observent le plus fréquemment.

CABANE DE PÊCHEUR

DESCRIPTION DE LA MOULE

La coquille de la moule est close, à valves de forme triangulaire, égales et bombées. La charnière située sur l'un des côtés de l'angle aigu desdites valves est munie d'un tégument étroit et allongé.

La tête de l'animal est dans l'angle aigu; le côté opposé de la coquille laisse passer le *ryssus*, espèce de matière textile.

Le bord arrondi de la coquille est frangé, parce que c'est par là qu'entre l'air nécessaire à la respiration de ce mollusque.

PÊCHE DES HUÎTRES

L'huître se trouve dans presque toutes les mers qui baignent les côtes de la France, et particulièrement dans les baies profondes, où elles sont en grande quantité.

L'huître franche a la coquille ovale cunéiforme; elle est adhérente aux madrépores que la marée laisse à découvert.

Privée en apparence de la vue, de l'ouïe, de l'odorat, elle ne présente d'abord à l'observateur qu'une existence problématique; comprimée entre deux valves aussi dures que la chair est molle, à peine peut-elle les ouvrir pour prendre sa chétive subsistance; mais cette espèce de prison la garantit contre les attaques de ses ennemis, les monstres marins.

Il y a au sommet de chaque valve une cavité dans laquelle se loge un tégument nommé *talon*, qu'on ne voit pas du dehors; il est noirâtre, coriace et aplati.

Cette description ne s'applique qu'à l'huître franche; d'autres sont plus ou moins arquées et ont leurs bords plissés aux crêtes.

Les huîtres sont hermaphrodites et se multiplient d'une manière prodigieuse; chacune d'elles pond chaque année de 50 à 60,000 œufs.

Lorsque ces œufs sortent des mères, ils contiennent, dans

une coque transparente, une petite coquille bivalve qui ne s'aperçoit qu'à l'aide du microscope.

Quand la coque est rompue, l'embryon tombe sur d'autres huîtres ou sur des corps salins sur lesquels il s'attache et se développe; puis, après avoir contracté une adhérence solide, l'animal détache sa coquille du corps sous-jacent, de sorte que la valve supérieure n'est plus adhérente que par le sommet. C'est ainsi que se forme souvent un amas prodigieux d'huîtres, auquel on donne le nom de *banc*.

Les huîtres croissent très rapidement; dès la première année, elles ont cinq centimètres de diamètre, et il ne leur faut que trois ou quatre ans pour atteindre la taille de celles qu'on vend sur les marchés.

Tous les ans, la pêche aux huîtres se fait en France, du mois de septembre au mois d'avril, dans les mois qui ont des R dans leur nom.

L'huître de la baie de Cancale est la préférée dans le commerce, tant à cause de son abondance que pour la proximité des côtes où elle est parquée.

Des bateaux de 10 à 20 tonneaux, venant de Granville, de Cancale et d'autres petits ports du voisinage, s'occupent exclusivement de la pêche des huîtres; mais les transports, dans les différents ports de la Manche, se font par des bâtiments plus forts qui partent des havres de Saint-Vaast, Courseulles et Bonnières.

On se sert, pour prendre les huîtres, d'une espèce de râteau de fer, muni d'un filet appelé *drague*.

HUITRIÈRES DE COURSEULLES

Avant de les livrer à la consommation, on les parque, c'est-à-dire qu'on les fait séjourner pendant un certain temps dans des bassins d'eau salée, qui ont d'un mètre à 1 mètre 30 de profondeur et qui communiquent ordinairement avec la mer, de manière que leur eau se renouvelle à chaque marée.

HAVRE DE SAINT-VAAST

Là, elles engraissent et acquièrent une saveur particulière.

Selon Pline, ce fut Sergius Aurata qui, le premier, eut l'idée de parquer les huîtres; il fit construire des viviers aux environs des baies pour y engraisser les huîtres du lac Lucrin, aujourd'hui *Lago di Licola*, petit lac de l'ancienne Campanie, communiquant par un canal avec le lac Averne et séparé de la mer par une digue.

Du temps des Romains, on avait reconnu la supériorité des huîtres des îles Britanniques sur celles de la Méditerranée, et pendant l'hiver on les envoyait à grands frais, enveloppées de neige et suffisamment comprimées pour empêcher la coquille de s'ouvrir.

La plus grande partie des huîtres provenant de nos côtes sont, de nos jours, parquées à Saint-Vaast, point qui sert d'entrepôt pour les autres parcages.

Les espèces d'huîtres qu'on mange en France sont, sur les côtes de l'Océan, l'huître franche ou commune; sur les côtes de la Méditerranée, l'huître méditerranéenne.

Sous le nom d'huîtres communes, on comprend des variétés assez distinctes; car l'huître dite de Cancale, celle de Marenne et celle d'Ostende sont différentes les unes des autres.

L'huître dite *pied de cheval*, à cause de son énorme dimension, se trouve également dans l'Océan et dans la Méditerranée.

Les huîtres *vertes* sont tout simplement des huîtres que l'on a fait engraisser dans des parcs où l'eau n'est pas renouvelable, et dont le galet qui les pave se trouve chargé d'un dépôt verdâtre.

Elles ne sont pas vertes quand on les apporte de Cancale, et c'est à force de soins qu'elles le deviennent.

On doit déposer doucement sur le lit de galets celles qu'on veut faire verdir, et prendre garde de les entasser confusément; car celles de dessous n'acquerraient pas la couleur

CANCALAISES AU RETOUR DES BATEAUX

désirée. Souvent elles l'obtiennent en vingt-quatre heures; mais si on les veut plus foncées, il faut attendre un mois, et alors on dit qu'elles ont bien *pâturé*.

Les meilleures huîtres sont celles qui ont parqué longtemps; on les reconnaît à leurs coquilles devenues lisses, de raboteuses qu'elles étaient, ainsi qu'à leurs valves, naturellement tranchantes, mais dont les bords ont été insensiblement émoussés par le frottement du râteau de fer qu'on promène souvent dans le parc.

Une huître, pêchée à Cancale en avril, déposée ensuite à Saint-Vaast pendant quatre ou cinq mois et qui a séjourné un mois à Courseulles, où on la transporte pour terminer son éducation, est parvenue à son dernier degré de bonté.

Il est difficile de calculer les chances de gain qu'offre le commerce des huîtres : tel jour, on paiera huit francs la cloyère, qui, le lendemain, n'en vaudra que la moitié. Mais, en général, le mille d'huîtres, qui se vend trois ou quatre francs à Granville ou à Cancale et qui coûte huit à neuf francs au parc de Courseulles, revient à vingt et vingt-cinq francs à Paris.

La quantité d'huîtres qui se pêche chaque année dans la baie de Cancale, s'élève à plus de 60,000,000.

Les huîtres se mangent entières et encore vivantes; elles constituent un aliment délicat, savoureux et de facile digestion. Aussi sont-elles recommandées dans les affections chroniques des voies digestives et dans la convalescence des malades. Elles doivent leur digestibilité à l'eau salée qu'elles contiennent et qui est réputée apéritive.

PÊCHE DES PERLES

Nous avons décrit les huîtres au point de vue de l'alimentation ; il nous reste maintenant à les présenter aux lecteurs

PÊCHE DES PERLES

sous un aspect plus poétique. Nous voulons parler des richesses que ces mollusques renferment, des *perles*, enfin, dont la valeur varie en raison de leur volume, de la régularité de leur forme, de leur eau et de leur *orient* (brillant produit par leurs reflets).

Les perles, auxquelles on attache tant de prix, ne sont pourtant que des concrétions calcaires dures, brillantes, à reflets irisés et chatoyants, dont la forme est en général globulaire. Les huîtres, comme toutes les coquilles bivalves qui contiennent de la nacre, sont capables de produire des perles. Les huîtres que l'on a surnommées *perlières,* sont surtout communes dans le golfe Persique et dans le détroit de Manaar, entre la presqu'île de l'Inde et l'île de Ceylan.

Dans cette dernière localité, le banc que l'on exploite a plus de 30 kilomètres de longueur.

Pour ne pas épuiser ce banc en l'exploitant à la fois dans toute son étendue, on a adopté le système des coupes réglées, pratiquées dans les forêts. On a divisé le banc en sept parties égales, qui sont livrées successivement chaque année aux pêcheurs; de sorte que, lorsqu'on a exploité la septième, les coquillages de la première ont eu grandement le temps de se reproduire et de se développer.

La pêche commence en février pour finir en avril; six semaines ou deux mois au plus forment l'espace de temps fixé aux entrepreneurs de l'exploitation.

Voici comment se pratique cette curieuse opération dont les moyens sont aujourd'hui perfectionnés.

Autrefois, pour accélérer la descente des plongeurs au fond de la mer, on leur attachait au corps une lourde pierre; ils restaient de trois à cinq minutes sous l'eau, remplissaient à

VUE DE CEYLAN

la hâte leurs filets et se faisaient remonter. Chaque pêcheur pouvait plonger ainsi sept ou huit fois et rapporter dans une matinée de 300 à 400 coquilles.

De nos jours, les nègres employés jadis à la pêche des perles

NAVIRES PERSANS

sont remplacés en partie par des Européens, qui ont introduit dans cette industrie réputée si dangereuse leurs appareils et leurs procédés qui la rendent en même temps bien plus sûre et plus productive.

Ce que les plongeurs redoutent le plus, c'est la rencontre d'un requin pendant qu'ils sont au fond de l'eau, car ce monstre est commun dans les mers qui baignent les côtes de l'Inde.

Les filets ou paniers qui servent à recueillir les huîtres sont vidés sur des nattes étendues au fond d'une fosse creusée dans le sol, où on les abandonne à l'action de l'air et de la chaleur. Les coquilles ne tardent pas à s'ouvrir, et bientôt les mollusques se putréfient.

Lorsque la décomposition est assez avancée, on extrait les perles qu'ils peuvent contenir.

L'auteur de la *France maritime* rapporte que les exhalaisons putrides occasionnées par les huîtres lorsqu'elles sont corrompues deviennent insupportables et durent longtemps après la fin de la pêche; elles s'étendent même à la distance de plusieurs milles et rendent toute la contrée des plus malsaines.

Néanmoins, cette odeur nauséabonde ne suffit pas pour repousser ceux qu'anime l'espoir du gain. Plusieurs mois après la saison de la pêche, on voit une foule d'individus parcourir, les yeux fixés à terre, les emplacements où l'on a fait pourrir les huîtres, et de temps en temps quelques-uns d'entre eux ont le bonheur de trouver une perle qui les dédommage amplement de leurs peines.

Les perles, récoltées sur les claies, sont lavées à grande eau et frottées ensuite avec de la poudre de nacre impalpable; après quoi on les classe, suivant leur grosseur, en les faisant passer par une série de cribles de différentes dimensions. Il ne reste plus alors qu'à les percer, afin de pouvoir les mettre en chapelets.

JONQUES CHINOISES

Les ouvriers noirs sont d'une adresse étonnante à perforer les perles et à les enfiler. L'instrument dont ils se servent est une machine de bois d'environ 6 pouces de long et de 4 doigts de large, dont la forme est semblable à celle d'un cône obtus et renversé.

A la surface supérieure de cette machine, il y a des trous destinés à recevoir les perles. Les instruments à perforer sont des espèces de fuseaux dont la grosseur est proportionnée à celle des perles.

Quand elles sont déposées dans le trou, l'ouvrier y ajuste la pointe du fuseau et le fait tourner rapidement, en ayant soin de le mouiller de temps en temps.

Du temps d'Apollonius, les Arabes qui habitaient les bords du golfe Persique avaient observé que l'huître sécrète, quand elle est malade ou blessée, une liqueur particulière offrant à l'état sec un éclat brillant et irisé; en conséquence, ils s'imaginèrent de pêcher ces mollusques vivants et de les piquer avec un fer pointu qu'ils passaient entre les valves, après quoi ils les plaçaient dans des tamis de fer au-dessus d'un vase plein d'eau dans lequel la liqueur qui s'échappait des blessures tombait sous forme de gouttelettes rondes et nacrées.

Les Chinois, de leur côté, parviennent à obtenir des perles en blessant le mollusque qui les produit; pour cela, ils percent l'une des valves pour y introduire un morceau de fil de fer, puis ils remettent le coquillage en place. L'animal, blessé par la pointe du fil, dépose autour de ce corps étranger une couche de substance nacrée qui durcit peu à peu et se fortifie par d'autres dépôts. Alors l'huître est repêchée de nouveau.

Le golfe Persique n'a pas le monopole de la pêche des huîtres perlières; il s'en trouve encore dans les environs de Notre-Dame de Loreto, capitale de la vieille Californie; mais le produit qu'on en retire, en raison des difficultés de l'exploitation, ne couvrant pas les frais que nécessite cette pêche, elle est aujourd'hui presque totalement abandonnée.

La rareté et le haut prix des belles perles naturelles ont suggéré depuis longtemps à l'industrie le désir de les imiter, mais les connaisseurs ne s'y laissent pas prendre, et les véritables perles sont de plus en plus recherchées.

HIPPOCAMPES

PÊCHE DU CORAIL

Qu'on se figure un petit arbre dont le tronc branchu est dépouillé de ramuscules et de feuilles : tel se présente le

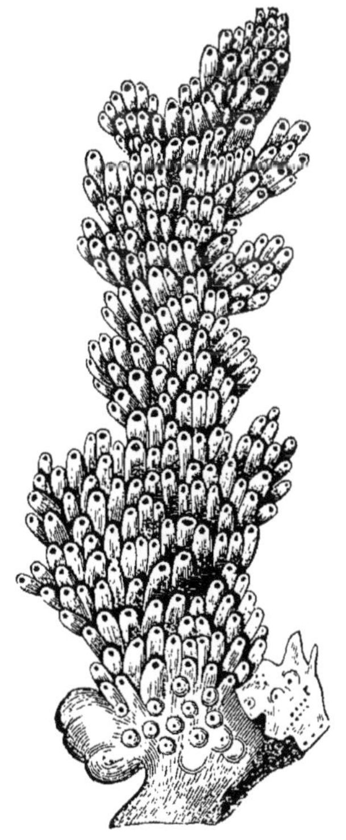

CORAIL

corail au fond de la mer, fixé au rocher par un large empâtement.

Le corail est composé d'une substance calcaire disposée par

couches concentriques, et sa surface présente des stries parallèles et inégales en profondeur.

Le corail s'élève à 35 centimètres environ de hauteur; il est le plus ordinairement d'un rouge vif qui paraît dépendre de la présence d'un oxyde de fer; cependant on rencontre parfois du corail rose et même tout à fait blanc.

Le corail existe dans la Méditerranée et dans la mer Rouge, à des profondeurs qui varient et paraissent influer sur sa grosseur et sur la vivacité de sa couleur.

On a remarqué qu'il se trouve d'ordinaire dans certaines expositions; le corail des côtes de France passe pour avoir les couleurs les plus éclatantes.

Les pêches les plus importantes ont lieu sur les côtes d'Alger, où le corail est plus gros, mais d'une nuance moins vive.

L'instrument qu'on emploie pour la pêche du corail est une sorte de croix de bois ayant un filet à chacune de ses branches qui sont égales, et une lourde pierre à son milieu, auquel on attache une corde qui sert à promener le filet au fond de la mer; par cette manœuvre, on parvient à détacher une plus ou moins grande quantité de polypiers.

Mais cette pêche n'est pas sans danger, à cause des requins qui rôdent constamment dans ces parages.

L'histoire suivante, qui date déjà de fort loin, en donne la preuve; le souvenir en est resté vivant parmi les marins, et on la raconte encore à la veillée, quand, l'hiver, les pêcheurs se réunissent pour raccommoder leurs filets en commun.

« Par une sombre journée d'automne, un grand et beau

garçon de vingt ans et le plus habile plongeur de la côte, avait conduit sa barque au large et gagné l'endroit où il

SÈCHE. — HUÎTRES. — POLYPIER

savait exister un important gisement de polypiers; il venait de quitter ses vêtements et il se disposait à plonger, lorsque le vieux matelot qui l'accompagnait lui dit tout à coup en cherchant à le retenir :

» — Un instant, camarade. Je viens de me rappeler que c'est aujourd'hui vendredi, et si tu veux m'en croire, nous remettrons la pêche à un autre jour. J'ai comme un pressentiment qu'il va t'arriver malheur aujourd'hui; retournons bien vite à terre.

» — Non pas! s'écria le jeune homme, je ne suis pas superstitieux, moi, et je n'ai peur de rien; d'ailleurs, ajouta-t-il en montrant un long poignard qu'il avait passé à sa ceinture, j'ai pris des précautions en cas de mauvaises rencontres.

» En disant ces mots, l'intrépide jeune homme, tenant en main son engin de pêche, s'élança dans la mer.

» — Dieu le garde! murmura le vieillard en faisant le signe de la croix.

» Il y avait trois minutes à peine que son camarade avait plongé quand un cri d'angoisse, poussé par le jeune homme revenu à la surface de l'eau, le glaça d'effroi.

» — A mon secours! s'écriait ce dernier, pâle comme la mort; je suis blessé!

» — Blessé par qui?

» — Par un requin, qui m'a, je crois, coupé une jambe.

» Le fait n'était que trop vrai; quand le vieux marin fut parvenu, non sans de grands efforts, à hisser dans la barque le malheureux jeune homme qui avait perdu connaissance, il constata avec horreur qu'il lui manquait un membre : la jambe droite avait été coupée au-dessus du genou par le monstre marin. »

L'ATTENTE

Guéri avec le temps de son affreuse blessure, le pauvre estropié raconta à ses camarades ce qui s'était passé au fond de la mer.

« Je venais de plonger et je m'empressais de remplir mon filet de superbes polypiers que j'avais arrachés à la roche sous-marine, quand tout à coup je me sentis frôlé par un corps étranger : c'était un requin qui, nageant sournoisement entre deux eaux, venait de s'approcher de moi pour me dévorer. Je ne fis ni une ni deux; un autre aurait peut-être perdu la tête, moi je commençai par lâcher mon filet, puis, armé de mon poignard, j'en fis sentir la pointe au redoutable ennemi qui venait de se renverser sur le dos pour me croquer plus commodément.

» La piqûre que je lui avais faite n'était pas précisément de son goût, car il fit un soubresaut et se rejeta brusquement en arrière, pour revenir bientôt sur moi en faisant craquer son horrible mâchoire armée de dents aiguës.

» A ce moment, je cherchais à remonter à la surface de l'eau et j'allais réussir à faire la nique au squale gourmand, quand le monstre affamé, s'élançant à ma poursuite, prit à mes dépens un acompte sur son déjeuner : ma jambe droite lui avait servi de hors-d'œuvre. Aussi, sans être superstitieux, je n'aimerais plus d'aller pêcher du corail un vendredi. »

On distingue dans le commerce plusieurs variétés de corail, qui, en raison de l'éclat de leur couleur, reçoivent les noms suivants : écume de sang, fleur de sang; premier, deuxième, troisième sang, etc.

PÊCHE DES ÉPONGES

L'éponge est une production marine dont la substance légère et poreuse absorbe les liquides dans lesquels on la plonge.

Tout le monde connaît l'éponge par l'usage habituel qu'on en fait dans les ménages; et cependant, c'est un corps sur

CRABES ET ÉPONGES

la nature duquel les savants n'ont pas encore pu se former une idée juste et claire.

La plupart considèrent les éponges comme des animaux. Cuvier prétend que ce sont plutôt des agrégations analogues à celles des polypes.

Les éponges ont la forme d'un amas de tissus fibreux, enduits à l'état vivant d'une substance gélatineuse; après la mort, cette gelée animale se putréfie, et il ne reste plus bientôt que des fibres cartilagineuses, d'où se dégage de l'ammoniaque.

La substance fibreuse des éponges est toujours criblée d'une infinité de trous, dits *oscules*, que l'eau traverse sans cesse.

La propagation des éponges se fait au moyen de corpuscules ovoïdes, qui, après avoir flotté pendant cinq ou six jours, finissent par se fixer à quelque rocher, pour se développer presque à la manière d'un végétal.

On rencontre des éponges dans toutes les mers, mais principalement sur les côtes de Syrie, où se trouvent les plus estimées.

C'est en plongeant que l'on va les chercher au fond de la mer.

Les gens les plus aptes à ce genre de travail, sont les habitants de la petite île de Ruad, non loin du golfe d'Antioche. D'une constitution presque amphibie, ils sont habitués de bonne heure à ce rude exercice. Il est étonnant de voir combien ils restent de temps sous l'eau; aussi, quand ils reparaissent à la surface de la mer, la plupart d'entre eux rendent le sang par le nez, la bouche et les oreilles, bien heureux s'ils n'ont pas trop présumé de leurs forces et ne succombent pas à leur épuisement.

Dans certains pays, les pêcheurs qui n'osent pas s'aventurer au fond de la mer, à cause des requins, pêchent les éponges avec de longs tridents.

SILURES ÉLECTRIQUES

On trouve dans le commerce des éponges de différentes qualités ; elles varient suivant les contrées où elles ont été pêchées.

Il y a d'abord la fine douce de Syrie et la fine douce de l'archipel, toutes deux usitées pour la toilette.

Viennent ensuite l'éponge fine dure, dite *grecque;* l'éponge blonde de Syrie et l'éponge blanche de l'archipel, appelées aussi toutes deux éponges de Venise, et qui sont employées aux usages domestiques.

Enfin l'éponge de Salonique, de Bahama, et l'éponge brute de Barbarie, dite de Marseille.

Cette dernière est très estimée pour le lavage des appartements.

MALAPTÉRURE ÉLECTRIQUE

DE LA PÊCHE FLUVIALE

DE LA PÊCHE FLUVIALE

La pêche fluviale est réglée par une loi qui date déjà de plusieurs années.

L'État exerce, par l'entremise des fermiers, la pêche sur les fleuves, rivières ou canaux navigables, dont l'entretien est à sa charge.

La pêche à la ligne flottante est seule autorisée pour tout venant, le temps du frai excepté.

On ne peut, sous peine d'amendes, placer dans les rivières navigables aucun appareil propre à empêcher entièrement le passage des poissons, ni jeter dans les eaux des appâts pouvant les enivrer ou les détruire.

PÊCHE DE L'ANGUILLE

La pêche des anguilles se fait de différentes manières. Ordinairement on pêche ces poissons avec des filets appelés seines ou sennes, qu'on traîne sur le lit de la rivière ; quelquefois on les prend dans des cavités qui bordent les cours d'eau. C'est en les enfumant qu'on les force à abandonner leurs retraites, et quand ils sortent, on les saisit au passage.

La pêche la plus abondante de ces poissons d'eau douce se fait à l'époque où ils descendent les fleuves en nombre considérable, pour aller frayer dans les eaux salées ou saumâtres de la mer.

On élève des deux côtés de la rivière une muraille faite de palissades dont on bouche les trous avec de la vase ; ensuite on tend dans l'espace resté libre de grandes nasses, où les anguilles viennent se jeter.

On en prend encore d'énormes quantités dans les étangs qu'on met à sec. Cette pêche est d'un très grand rapport.

On raconte que, dans l'antiquité, les Sybarites, qui en faisaient le plus grand cas, exemptaient de toute contribution les pêcheurs d'anguilles.

Le corps long et grêle de l'anguille est revêtu d'une peau

grasse et épaisse où les écailles ne deviennent bien visibles que lorsque son tégument est desséché.

Dans les eaux bourbeuses, l'anguille est d'un brun noir au-dessus et jaunâtre au-dessous. Dans les eaux limpides, elle est d'un vert varié, rayé de brun au-dessus et d'un blanc argenté au-dessous.

Ses nageoires sont peu apparentes; sa tête, mince; ses lèvres répandent constamment une liqueur onctueuse qui rend sa peau insaisissable.

Lacépède distingue plusieurs sortes d'anguilles. Celles qui se trouvent dans la Seine ont la tête moins allongée que les autres espèces; leur corps est aussi plus court. Quant à leur chair, elle est plus ferme et plus délicate que celle des autres, après celle cependant des mêmes poissons que l'on pêche dans les marais, aux environs de Venise.

Cuvier nous apprend que les anguilles, comme presque tous les poissons, sont ovipares. Lorsque leurs petits, sortis de leurs œufs, ont atteint 4 à 5 centimètres de longueur, ils remontent les fleuves en bandes serrées que l'on appelle *montées*.

Pendant le jour, les anguilles se tiennent ordinairement cachées dans la vase; c'est la nuit qu'elles vont à la recherche de leur nourriture, qui consiste surtout en vers et en petits poissons.

L'anguille se mange en grande partie fraîche; mais dans certains pays, on la sale ou on la fume.

La loi de Moïse la proscrivait de la nourriture des Juifs.

A Londres, le marché a été pendant longtemps approvisionné

POISSONS D'EAU DOUCE

1. BARBEAU. — 2. PERCHE. — 3. TRUITE. — 4. SAUMON. — 5. TANCHE. — 6. CARPE. — 7. BRÈME. — 8. GARDON. — 9. MULET. — 10. ÉCREVISSE. — 11. GOUJON. — 12. TRUITE SAUMONÉE. — 13. LOCHE. — 14. CHABOT. — 15. PETITE PERCHE. — 16. ABLETTE. — 17. VÉRON.

de ce poisson par deux compagnies hollandaises, qui employaient à ce service chacune 5 vaisseaux.

La pêche aux anguilles, à laquelle on se livre en Italie de septembre à décembre, produit, dit-on, 900,000 kilogrammes de ce poisson.

PIEUVRES

PÊCHE DE LA CARPE

La carpe est un poisson qui se pêche principalement à la ligne volante; le moment le plus favorable est le soir, deux heures avant le coucher du soleil, ou le matin au soleil levant.

Dans les étangs, on se sert de lignes dormantes, et il est prudent d'employer des engins très solides, car, une fois piquée, la carpe se débat violemment, et son poids, d'ailleurs, est quelquefois assez considérable.

On prend également ce poisson au collet et au filet.

La carpe est ordinairement d'un vert olivâtre, jaunâtre au-dessous; elle a les épines dorsales et anales fortes et dentelées, les barbillons courts, la tête aplatie, les dents pharyngiennes plates et striées à la couronne, le corps couvert de grandes écailles arrondies et longitudinales.

Selon Cuvier, ce poisson est originaire de l'Europe centrale; mais d'autres naturalistes le croient originaire de l'Asie..

Quoi qu'il en soit, on connaît son introduction dans quelques contrées de l'Europe; ainsi, par exemple, on sait que la carpe a été introduite dans la Grande-Bretagne, en 1504, par P. Marshall, et dans le Danemark, en 1560, par P. Oxe.

La carpe se plaît surtout dans les étangs et dans les eaux dormantes; sa chair produit plus que toute autre des ressources essentielles pour la nourriture de l'homme.

Les carpes les plus renommées sont celles du Rhin. Il y a aussi, près de Boulogne, l'étang de Camières, qui en fournit de très recherchées.

Ensuite viennent celles du Lot et de la Bresse.

Les grands fleuves de la Russie et leurs affluents en nourrissent un grand nombre, qui parfois acquièrent un poids et un volume considérables.

La fécondité de la carpe est telle, qu'elle s'emparerait seule de toutes les eaux qu'elle habite, si les carpillons nouvellement éclos n'étaient, par millions, la proie des autres poissons. On a compté 600,000 œufs dans le corps d'une grosse carpe; une autre, d'un volume plus considérable, en contenait 700,000.

Ce poisson recherche les eaux parfaitement calmes pour la ponte de ses œufs.

A l'approche de l'hiver, il s'enfonce dans la vase, s'engourdit et cesse de manger; mais pendant la belle saison, il est d'une vivacité remarquable.

Sa nourriture est principalement végétale; mais on a remarqué qu'il aime beaucoup le pain.

La carpe s'apprivoise facilement, et vit dans une sorte de familiarité avec l'homme. Sa grande énergie vitale, lui permettant d'exister longtemps hors de l'eau, la rend aisément transportable à de grandes distances.

La longévité de la carpe est proverbiale. On fait remonter au règne de François Ier les carpes les plus vieilles des fossés du château de Fontainebleau, auxquelles on donne ainsi plus de trois siècles.

Buffon affirme avoir vu une carpe âgée de cent cinquante ans ; cela paraît un peu exagéré, et cependant une carpe qui a atteint une longueur de 1 mètre 60 centimètres et un poids de 35 kilogrammes doit être bien vieille.

Il en a été pêché une de cette taille et de cet énorme poids dans le Volga.

CARPE

PÊCHE DU BROCHET

Le brochet a une assez mauvaise réputation ; il est connu comme l'un des poissons d'eau douce les plus voraces et les plus destructeurs, mais sa chair est fort agréable et d'une digestion facile.

Ce poisson vit en abondance dans toutes les eaux dormantes ;

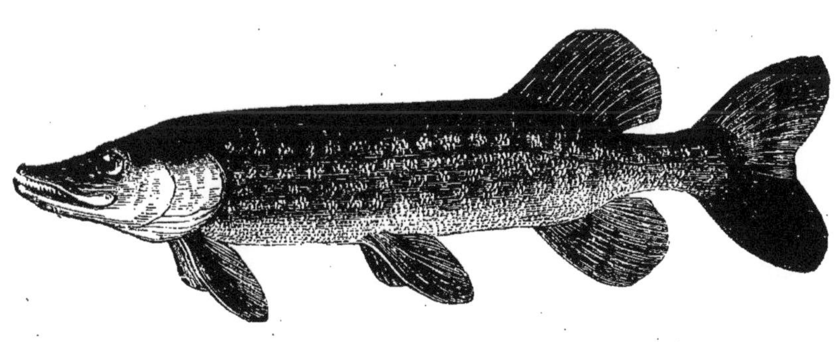

BROCHET

mais les meilleurs brochets proviennent des fleuves et des lacs dont les eaux sont limpides.

Le corps de ce poisson est allongé ; sa gueule est fendue jusqu'au delà des yeux, sous un museau large et déprimé ; les maxillaires qui bordent sa mâchoire supérieure ne portent pas de dents, mais il y en a sur les intermaxillaires et sur la mâchoire inférieure ; plusieurs de ces dents sont longues et tranchantes.

Avec une gueule si bien armée pour satisfaire sa voracité, le brochet a bien mérité le surnom de *requin des eaux douces*.

Ce poisson se nourrit de tous les animaux qu'il trouve, sans épargner les individus de sa propre espèce.

Sa croissance est fort rapide; on en a vu de plus de 10 pieds, dont le poids dépassait 50 kilogrammes.

Amédée Gréhan rapporte qu'en 1497 on a pris, près de Manheim, un de ces poissons qui avait 18 pieds de longueur, pesait plus de 380 livres et avait près de trois siècles d'âge, ce qu'on apprit par un anneau de cuivre passé dans ses ouïes, et sur lequel on avait écrit :

« Je suis le premier poisson qui a été jeté dans cet étang, par les mains de Frédéric II, le 5 octobre 1262. »

On voit encore au château de Laeken le squelette de ce prodigieux poisson; malheureusement les naturalistes peu crédules affirment que la colonne vertébrale de ce brochet géant est composée de vertèbres appartenant à des individus différents, et qu'ainsi on aurait pu encore allonger sa taille.

On prend les brochets de différentes manières; en hiver, sous la glace; en été, avec des appâts. Le moment le plus favorable pour cette pêche est la nuit, quand il fait clair de lune, et dans les nuits sombres, à la lueur des torches.

On prend assez facilement le brochet à la ligne volante, à la ligne dormante, à la seine et à la fouine, trident à plusieurs branches pointues et bardelées.

MARCHÉ AUX POISSONS (TABLEAU DE BASSAN)

Autant que possible, on se sert d'appâts vivants.

On pêche aussi le brochet d'une autre manière, mais seulement depuis le mois de février jusqu'en août.

On guette attentivement l'instant où il vient dormir près du rivage, et, dès qu'on peut s'en approcher, on le prend au moyen d'un collet de crin que supporte une perche d'une certaine longueur.

Les œufs de brochet possèdent des propriétés purgatives fort énergiques; cependant, en Allemagne, on fait avec ces œufs une espèce de *caviar*. On les mêle avec des sardines pour en faire un mets appelé *metzin*, qu'on prétend excellent.

Autrefois le brochet était, de la part des Égyptiens, un objet de vénération; ils lui élevaient même des temples.

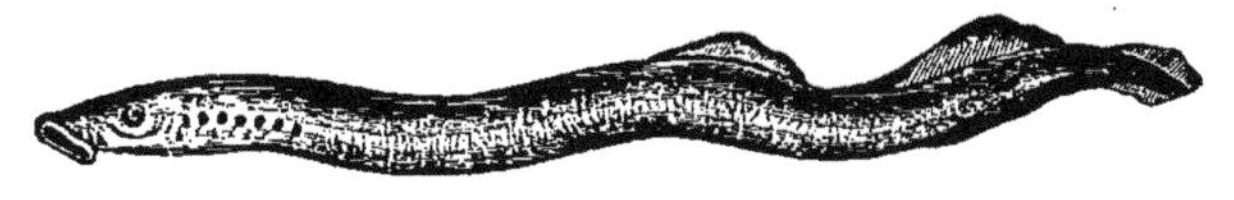

LAMPROIE

PÊCHE DE LA PERCHE

La perche est un des poissons les plus connus; elle habite dans toute l'Europe et particulièrement à l'embouchure des fleuves de la France.

C'est la plus nombreuse de toute la sério ichtyologique, mais nous ne nous occuperons que de l'espèce indigène.

Les poissons qui la composent ont le corps oblong couvert d'écailles dures et âpres; leur couleur est d'un vert doré, marqué de raies noires; leurs yeux sont grands; leurs nageoires, rouge-feu, et leur queue, terminée en forme de croissant. C'est en résumé un des plus beaux poissons de nos contrées.

Il est rare que la perche dépasse 2 pieds de longueur; cependant, dans le nord, elle acquiert des dimensions plus considérables.

La perche nage avec une extrême vitesse, et, comme le brochet, elle se tient toujours près de la surface de l'eau. Elle ne fraie qu'assez avancée en âge et toujours au printemps; alors, au moyen d'une matière muqueuse, elle réunit ses œufs en longs cordons qu'elle attache aux roseaux.

On a trouvé jusqu'à 100,000 œufs dans un de ces poissons qui ne pesait qu'une livre.

Les Romains et les Grecs en faisaient grand cas; les perches du Rhin sont particulièrement très estimées.

LAPONS

Un des mets les plus délicats que l'on puisse offrir à Genève, est composé de petites perches du lac Léman, appelées dans le pays *les mille cantons*.

Amédée Gréhan nous apprend qu'en Laponie on fait de la peau de ce poisson une colle en usage dans les provinces du nord, et versée dans le commerce des contrées civilisées de l'Europe.

Pour la pêche de la perche, on se sert principalement de lignes amorcées avec des vers.

Dans l'Allier, où les perches abondent, on les prend d'une manière assez ingénieuse et sans se servir d'amorces. C'est au moyen de carafes en verre blanc, fabriquées à Vierzon; elles sont fermées au goulot par un bouchon de liège, et percée à la base d'un trou en forme de gaine allant en se rétrécissant, mais assez grand pour permettre au poisson de passer.

Ces engins sont placés peu profondément au milieu d'un barrage, de manière qu'en suivant le fil de l'eau, qu'on a soin d'agiter à quelques mètres en amont, la perche, effrayée et ne trouvant pas d'autre issue, tombe forcément dans le piège qui lui est tendu.

Quand on ne peut pas pratiquer de barrage, on se contente de placer ces carafes dans la rivière, après y avoir introduit de la graine de chènevis et du son, nourriture dont la perche est très friande et que l'imprudente va chercher dans la prison dont la porte est ouverte.

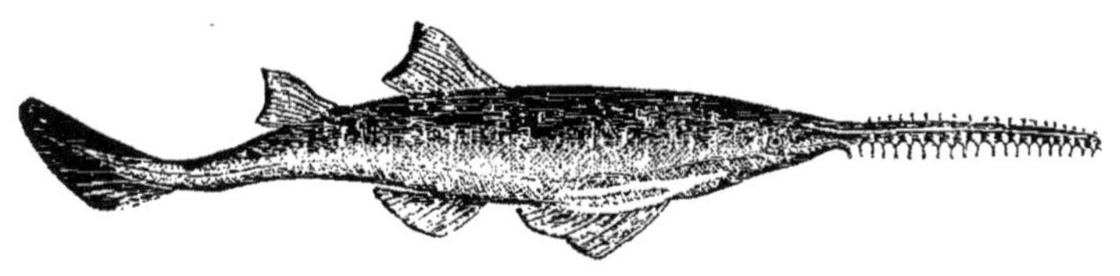

SCIE

PÊCHE DE L'ÉCREVISSE

Le Rhin, la Nièvre, la Meuse, l'Yonne ont la réputation de fournir les plus belles écrevisses.

Cet animal, de la classe des crustacés, renferme plusieurs

espèces dont une seule appartient à l'Europe, et est désignée sous le nom de *fluviatile;* c'est de cette dernière que nous allons parler.

La tête de l'écrevisse que l'on pêche en France, porte deux

24

paires d'antennes filiformes et très allongées; ses yeux sont fixés à l'extrémité d'un pédicule mobile. A la suite des pattes proprement dites, qui sont armées de pinces, elle a une double rangée d'appendices appelés fausses pattes; elles sont fort peu développées, mais cependant servent à la natation et aident la femelle à porter ses œufs. Sa carapace est brun verdâtre, et elle ne devient rouge qu'après la cuisson.

Les écrevisses habitent les eaux douces de l'Europe, où elles se tiennent soit sous des pierres, soit dans des trous dont elles ne sortent guère que le soir pour aller chercher leur nourriture, qui consiste en mollusques, en petits poissons et en larves d'insectes.

Elles se repaissent également de chairs corrompues et de cadavres d'animaux.

L'espèce dont nous nous occupons est très féconde; la femelle pond à la fois de vingt à trente œufs qui forment des espèces de grappes et qu'elle porte jusqu'à la naissance de ses petits.

Ils sont d'abord très mous, mais ils trouvent un refuge sous le ventre maternel, jusqu'à ce que leur carapace soit devenue assez consistante.

Une chose que l'on ignore généralement, c'est que l'écrevisse fluviatile renouvelle son enveloppe tous les ans. Cette espèce de mue a lieu entre les mois de mai et de septembre.

Lorsque l'époque critique approche, l'écrevisse cherche un lieu où elle puisse être à l'abri de tout danger, car si elle était rencontrée sans cuirasse par d'autres poissons de son espèce, elle serait infailliblement dévorée; heureusement pour

BORDS DU RHIN

elle que sa nouvelle peau est, au bout de deux ou trois jours, aussi dure que l'ancienne.

On pêche l'écrevisse de différentes manières : d'abord avec un filet qu'on suspend le soir au-dessous d'un morceau de chair putréfiée ; ensuite avec un fagot dans lequel on a mis de la viande et que l'on retire de l'eau lorsque les écrevisses ont pénétré entre les branchages.

La chair de ce crustacé est un mets très recherché.

Les yeux d'écrevisse étaient autrefois employés en médecine comme *absorbant;* à présent, on les remplace par du carbonate de chaux ou de magnésie réduit en poudre.

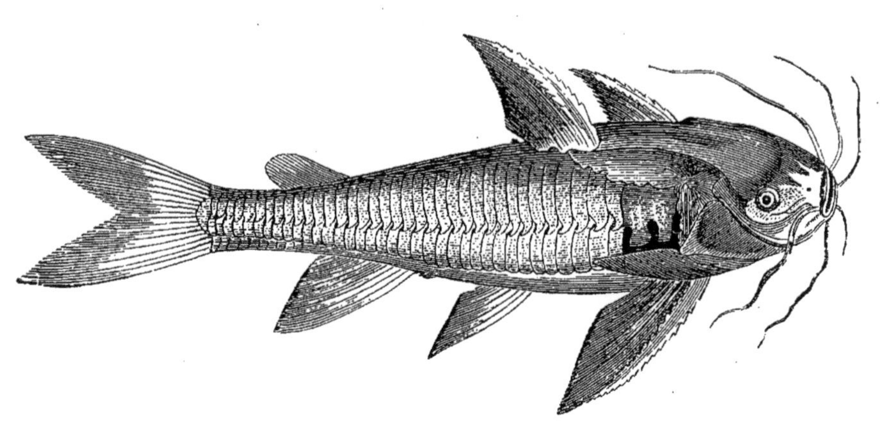

POISSON SOLDAT

PÊCHE DU GOUJON

Le goujon est caractérisé par la petitesse de sa bouche, l'absence de ses dents et les trois rayons de ses ouïes; sa langue est lisse, son thorax offre un puissant instrument de mastication; il a ordinairement les mâchoires piquées de noir et ne possède que deux barbillons. La taille de ce gentil poisson ne dépasse guère 20 centimètres; il vit en troupe dans les rivières et en bonne intelligence avec les autres poissons, blancs, barbillons, ablettes, vérons, etc.

Tous ces poissons se pêchent au filet ou à la ligne volante; mais c'est surtout de ce dernier engin qu'on se sert pour la pêche des goujons, auxquels les Parisiens font une guerre acharnée.

Dès le premier jour de l'ouverture de la pêche, il faut les voir, ces pêcheurs intrépides et patients, restant des heures entières, le bras tendu, l'œil constamment fixé sur la plume flottante qui les préviendra, en plongeant dans l'eau, que l'animal si ardemment convoité vient enfin de mordre au perfide hameçon.

Il y en a qui ont du bonheur, qui rentrent chez eux le soir chargés de butin.

Malheureusement tous les pêcheurs de goujons n'ont pas la même chance.

C'est qu'il ne suffit pas de tendre sa ligne pour réussir à se procurer à bon marché un plat de friture, il faut encore au préalable savoir choisir un bon endroit et le préparer longtemps à l'avance.

On entend par préparer l'endroit, habituer le poisson à le fréquenter, au moyen de plusieurs grosses boulettes de terre pétrie d'asticots.

C'est ce que négligent de faire les pêcheurs novices ou inexpérimentés.

Il y en a de fanatiques. Nous en avons connu un dont l'innocente manie a donné lieu à une histoire assez curieuse; elle a déjà été racontée plusieurs fois, mais tout le monde ne la connaît pas, et cette considération nous encourage à la reproduire ici.

Nous espérons qu'elle ne paraîtra pas déplacée dans un livre qui a pour titre : *Histoire des principales pêches maritimes et fluviales*.

Nous sommes à Paris, pendant les premières années de la Restauration.

Si le lecteur veut bien nous accompagner, nous le conduirons sous la première arche du pont Royal, du côté du château des Tuileries, où nous lui ferons faire connaissance avec le héros de cette véridique histoire, momentanément occupé à pêcher des goujons.

Adrien Fauvel, le pêcheur en question, natif de Saint-Valery-sur-Somme et orphelin de père et de mère, avait fait

ÉPINOCHES ET LEUR NID

ses études à Paris; entré à l'École normale à l'âge de vingt-deux ans, il en était sorti récemment avec les meilleures notes, et se destinait au professorat. Malheureusement, à cette époque, il n'y avait aucune chaire vacante dans les collèges de la capitale.

Partout où il s'était présenté, on l'avait éconduit poliment en l'engageant à revenir plus tard et à prendre patience.

Si encore notre jeune homme avait eu le temps d'attendre; mais les frais de son éducation avaient absorbé le mince héritage de ses parents, et non seulement il avait épuisé ses dernières ressources, mais il devait plusieurs mois de pension à la brave femme chez laquelle il logeait.

Son hôtesse, du reste, se montrait bonne pour lui, et jusqu'alors n'avait fait aucune allusion au retard qu'il apportait forcément à régler son compte avec elle.

Aussi, pour reconnaître ses bons procédés, Adrien cherchait-il à lui rendre une foule de petits services.

Lui ayant entendu dire, un jour, à une de ses voisines qu'elle adorait la friture, il saisit la balle au bond, et, dès le lendemain, armé d'une longue ligne, il allait s'installer sur le bord de la rivière, dans l'espoir de lui faire au retour une agréable surprise.

Le premier jour, il ne prit rien; pêcheur sans expérience, il avait vainement amorcé sa ligne, se demandant à chaque instant pourquoi le goujon ne venait pas mordre à son hameçon; il ignorait encore que, pour attirer le poisson, il faut lui faire des avances.

Cependant, il ne se découragea pas, espérant trouver une meilleure place un autre jour.

En effet, le lendemain, le hasard l'ayant conduit sous une

autre arche du pont Royal, il fit en quelques heures une pêche miraculeuse ; presque à chaque fois qu'il jetait sa ligne à l'eau, un goujon venait y mordre.

— Je connais maintenant le bon endroit, dit-il à son hôtesse en lui offrant assez de poissons pour faire une copieuse friture, et, à l'avenir, je vous en apporterai tous les jours autant.

Encouragé par ce premier succès, Adrien se levait quotidiennement de grand matin et allait régulièrement s'installer sous le pont Royal, où tous les goujons de la Seine semblaient s'être donné rendez-vous.

Les premiers matins, tout entier à sa pêche, il ne remarqua pas un particulier, qui, vers les neuf heures, venait rôder sur la berge de la rivière et paraissait en proie à une vive contrariété.

C'était un homme d'un certain âge, très simplement vêtu, mais d'une rare distinction.

Déjà, plusieurs fois, il s'était approché du jeune homme comme pour lui adresser la parole; mais, voyant que l'enragé pêcheur ne faisait pas attention à sa présence, chaque fois il lui avait tourné le dos en murmurant des paroles inintelligibles.

Un matin, pourtant, il se décida à aborder Adrien, et, après l'avoir complimenté sur l'heureux résultat de sa pêche, il lui adressa la question suivante :

— Vous n'avez donc rien à faire, jeune homme, que vous passez ainsi une partie de vos matinées sur le bord de l'eau ?

— Pas autre chose qu'à pêcher, lui répondit Adrien.

— La pêche, c'est, j'en conviens volontiers, un passe-temps fort agréable, mais ce n'est pas un métier.

— Faute de métier à exercer, autant cette occupation qu'une autre.

— Cependant il n'en manque pas à Paris de plus lucratives, et à votre âge....

— Le seul emploi auquel je puisse prétendre est dans l'Université, et il n'y a pas de place pour moi dans les collèges de Paris.

— Vous vous destinez donc à l'instruction?

— Oui, ajouta en soupirant Adrien, c'est la carrière que je comptais embrasser; mais malgré les succès que j'ai obtenus à l'École normale, j'en suis réduit, vous le voyez, à pêcher des petits poissons dans la Seine.

En disant ces mots, le jeune homme amenait au bout de sa ligne un superbe goujon, dont la vue fit froncer le sourcil à son interlocuteur.

— Décidément, dit ce dernier en souriant d'un air contraint, vous allez dépeupler la rivière, et il ne restera plus rien pour les autres.

La conversation entre nos deux personnages continua pendant assez longtemps sur un ton familier, et à force d'être adroitement questionné, Adrien finit par conter toute son histoire à celui qui l'écoutait avec un véritable intérêt.

Quand, une heure plus tard, ils se séparèrent, l'étranger savait le nom et l'adresse de notre héros.

On pourra facilement se figurer la surprise que dut éprouver Adrien, lorsque, dans l'après-midi du même jour, un cavalier, lancé au galop, s'arrêta devant la porte de son modeste hôtel, et lui remit, en mains propres et contre un reçu en bonne forme, un large pli cacheté venant du ministère de l'Instruction publique.

Il contenait :

1° Sa nomination de professeur de quatrième au collège d'Abbeville ;

2° Un mandat lui soldant par anticipation le premier semestre de son emploi ;

3° L'injonction de partir pour la Picardie le soir même, sous peine, en cas du moindre retard, de trouver la place prise à son arrivée.

Adrien, dans le premier moment, attribua cette bonne fortune à un ancien ami de son père ayant une certaine influence et qui s'intéressait à lui ; et pour obéir à l'ordre qu'il avait reçu de partir immédiatement, il ne prit que le temps de courir au ministère des finances où son mandat était payable, et à neuf heures du soir, après avoir largement désintéressé l'hôtesse dont il était l'obligé, il montait dans la diligence qui partait pour Abbeville, où, arrivé de bonne heure le lendemain, il s'empressa d'aller se mettre à la disposition du proviseur du collège.

— Je vous attendais, lui dit ce dernier; dès hier, j'ai été prévenu par le télégraphe de votre arrivée.

Une fois entré en fonctions, Adrien adressa ses remerciements à celui auquel il croyait devoir sa place, et fut fort étonné quand il apprit que ce protecteur supposé n'y était pour rien.

A qui donc était-il redevable de ce signalé service?

Adrien se le demandait encore, lorsqu'à l'époque des vacances il fit un voyage à Paris.

Pendant son séjour dans la capitale, il apprit qu'il y avait chez le ministre de l'Instruction publique des réceptions, dites *soirées ouvertes*, et il se dit qu'en qualité de membre de l'Université, il ne pouvait pas se dispenser d'y paraître au moins une fois.

Un soir donc, après avoir fait une toilette de circonstance, il se présenta dans les salons de Son Excellence, où il fut annoncé à haute voix par l'huissier de service.

A peine son nom venait-il d'être prononcé que le ministre, interrompant une conversation entamée avec d'autres visiteurs, s'avança au-devant de lui, le sourire sur les lèvres, et lui tendit amicalement la main.

Notre héros ne pouvait en croire ses yeux : dans l'homme qui lui faisait un si gracieux accueil, dans Son Excellence le ministre de l'Instruction publique, il venait de reconnaître le personnage dont, six mois auparavant, il avait fait la connaissance sous l'arche du pont Royal.

— Nous sommes tous les deux pêcheurs, lui dit M. X*** à voix basse; vous m'aviez pris ma place, et je n'ai pas trouvé de meilleur moyen, pour me débarrasser de vous, que celui de vous en procurer une autre.

Cette histoire n'est pas un conte. M. X***, ministre de l'Instruction publique sous Charles X, était un enragé pêcheur à la ligne, et chaque matin, sur les huit ou neuf heures, il se rendait sous la première arche du pont Royal à l'endroit où, après avoir depuis longtemps amorcé les poissons, il était certain de faire une bonne pêche.

CARRELETS

TABLE DES MATIÈRES

DE LA PÊCHE MARITIME

	Pages.
De la pêche en général.	5
Pêche de la baleine.	11
Pêche de l'espadon.	19
Pêche du phoque.	21
Pêche du requin.	25
Pêche du dauphin.	33
Pêche du ~~rouget.~~ grondin rouge	41
Pêche de la murène	43
Pêche de la morue.	45
Pêche de l'esturgeon	53
Pêche du hareng.	57
Pêche du poisson volant.	71
Pêche du saumon.	77
Pêche du thon.	83
Pêche de la tortue.	89
Pêche du maquereau	95
Pêche de la sardine	101
Pêche de l'équille.	111
Pêche du homard.	115
Pêche de la crevette	117
Pêche des moules.	121
Description de la moule.	129
Pêche des huîtres.	131

26

Pages.

Pêche des perles. 141
Pêche du corail. 151
Pêche des éponges. 159

DE LA PÊCHE FLUVIALE

De la pêche fluviale 167
Pêche de l'anguille. 169
Pêche de la carpe. 175
Pêche du brochet. 179
Pêche de la perche 185
Pêche de l'écrevisse 189
Pêche du goujon. 195

TABLE DES VIGNETTES

CONTENUES DANS CE VOLUME

	Pages.
Aigles de mer	75
Attente (L')	155
Baleine	17
— (Dépècement de la)	15
Barques de pêche	61
Baudroie ou diable de mer	55
Brochet	179
Cabane de pêcheur	127
Cachalot	29
Cancalaises au retour des bateaux	137
Carpe	177
Carrelets	203
Ceylan (Vue de)	143
Char	99
Coffre	69
Corail	151
Coureau de Groix (Bénédiction du)	107
Courseulles (Huîtrières de)	133
Crabes et éponges	159
Crevette. — Araignées de mer	119
— (Pêche de la)	117
Dauphin	33
Épinoches et leur nid	197

	Pages.
Esnandes (Bouchots d')	125
Espadon	20
Esturgeon	53
Étoile de mer	93
Falaises	189
Fécamp (Poissonniers de)	63
Groënlandais (Huttes de)	39
Hareng	57
Hippocampes	149
Homard	115
Jonques chinoises	147
Lamproie	183
Lapons	186
Le vœu	51
Maigre	112
Malaptérure électrique	163
Maquereau	95
Marché aux poissons (*Tableau de Bassan*)	181
Marsouin	13
Morses	23
Morue	49
— (Pêche de la)	47
Moules (Pêche des)	121
Murène-anguille	43
— congre	44
Narval licorne	10
Navires persans	145
Navire au milieu des glaces du Spitzberg	7
Oiseaux de mer (Chasse aux)	123
Pêche au cordeau	97
Pêcheur groënlandais	35

	Pages.
Pêcheurs (Les petits)	113
— normands.	59
Perles (Pêche des).	141
Phoques.	22
Pieuvres.	173
Poisson (Débarquement du)	67
Poissons d'eau douce.	171
Poisson soldat.	193
— volant.	73
Pollet (Poissonniers du).	103
Requin.	27
Rhin (Bords du).	191
Rougets.	42
Saint-Vaast (Havre de).	135
Saumon.	81
Saumons (Migration des).	79
Scie.	187
Sèche. — Huîtres — Polypier.	153
Sicile (Côtes de la).	85
Silures électriques.	161
Sole.	120
Tortue.	91
Turbot.	109

— Lille. Typ. J. Lefort. 1889 —

LILLE. — TYP. J. LEFORT.

www.ingramcontent.com/pod-product-compliance
Ingram Content Group UK Ltd.
Pitfield, Milton Keynes, MK11 3LW, UK
UKHW020451200726
13857UKWH00002B/663